# COLTIVARE I FRUTTI DI BOSCO IN MODO FACILE E VELOCE

**Come coltivare con successo fragole, lamponi, mirtilli, more e altro ancora**

**Norman E. Brock**

# PAGINA DEL COPYRIGHT

Tutti i diritti riservati. Nessuna parte di questa pubblicazione può essere riprodotta in qualsiasi forma o mezzo senza previa autorizzazione scritta del titolare del copyright.

Diritto d'autore ©2024 Norman E. Brock

# Sommario

Introduzione..................6

Vantaggi della coltivazione delle bacche..................8

Capitolo 1..................16

Iniziare con il giardinaggio dei frutti di bosco..................16

Scegliere le piante di bacche giuste per il clima e lo spazio..................17

Varietà a crescita rapida per climi diversi..................22

Capitolo 3..................50

Preparare il terreno e piantare.......50

Suggerimenti rapidi per l'equilibrio del pH e la densità dei nutrienti.....57

Metodi di impianto per ogni tipo di bacca..................59

Capitolo 4 .................................69

Semplice cura delle piante di bacche ...................................................69

Irrigazione e pacciamatura per una crescita ottimale ........................71

Uso del pacciame per trattenere l'umidità e prevenire le erbacce .....77

Controllo dei parassiti semplificato .87

Utilizzo di piante da consociazione per scoraggiare naturalmente gli insetti .......................................91

Capitolo 5 .................................93

Massimizzare la crescita delle bacche ..................................................93

Fertilizzanti naturali per una produzione più rapida di bacche .....95

Aumentare la crescita con la consociazione di piante ...............102

Capitolo 6 .................. 114

Raccogliere le bacche .................. 114

Segni da cercare quando le bacche sono mature .................. 117

Le migliori pratiche per raccogliere le bacche senza danneggiare le piante .................. 122

Capitolo 7 .................. 136

Preservare il raccolto .................. 136

Introduzione alle tecniche di conservazione dei frutti di bosco .. 137

Capitolo 8 .................. 157

Risoluzione dei problemi comuni .. 157

Capitolo 9 .................. 177

Espandere il tuo giardino di bacche .................. 177

Suggerimenti avanzati per rese più elevate e piante più sane ............ 184

Capitolo 10 ................................. 194

Ricette e modi per gustare i frutti di bosco ............................................. 194

Ricette semplici per frutti di bosco freschi .......................................... 195

# Introduzione

Immagina di uscire dalla tua porta, cogliere bacche mature e riscaldate dal sole direttamente dal cespuglio e assaporare l'esplosione di sapore che solo le bacche fresche e coltivate in casa forniscono. Coltivare i propri frutti di bosco porta innumerevoli ricompense, dal godere di sapori più freschi e benefici per la salute superiori al risparmio sui costi della spesa e al contributo a uno stile di vita più sostenibile. Questo libro è stato progettato per guidarti passo dopo passo nel tuo viaggio per coltivare bacche veloci, facili e piacevoli da coltivare. Che tu abbia un grande giardino, un piccolo cortile o anche solo un balcone con alcuni contenitori, questa guida ti aiuterà a coltivare le tue bacche con successo, anche se sei un principiante assoluto.

# Vantaggi della coltivazione delle bacche

1. **Gusto e freschezza ineguagliabili**Le bacche acquistate in negozio non possono competere con il gusto e la consistenza di quelle raccolte fresche dalla pianta. Molte bacche commerciali vengono raccolte prima che siano completamente mature in modo che possano sopportare il trasporto e spesso perdono una quantità significativa di sapore quando raggiungono la tua cucina. Quando coltivi le bacche in casa, hai la possibilità di raccoglierle al loro apice, quando sono ricche di massima dolcezza, sapore e profondità di sapore. Immagina la fresca dolcezza delle fragole che

sono maturate naturalmente sulla vite, o il gusto ricco e intenso di un lampone baciato dal sole che hai raccolto pochi minuti prima di mangiare. **Coltivare frutti di bosco significa** che puoi goderti questa freschezza ogni giorno, per tutta la stagione.

**2. Benefici nutrizionali e per la salute** Le bacche sono alcuni degli alimenti più salutari che puoi mangiare, ricchi di vitamine, antiossidanti e fibre che supportano la salute generale. Sono particolarmente ricchi di vitamina C, che rafforza il sistema immunitario, e antiossidanti che aiutano a ridurre l'infiammazione e proteggere le cellule dai danni. Le bacche coltivate in casa non solo offrono questi benefici, ma eliminano anche le preoccupazioni per i pesticidi o i residui chimici, poiché controlli esattamente ciò che entra nel tuo giardino. Inoltre, **gli studi dimostrano che le bacche fresche hanno livelli di antiossidanti più elevati rispetto a quelle acquistate in negozio, quindi coltivare la propria assicura di ottenere il massimo beneficio di questi potenti nutrienti.** Che tu li stia mangiando freschi, frullandoli in frullati o incorporandoli nei pasti, i frutti di bosco coltivati in casa sono un modo delizioso per aumentare il tuo benessere.

**3. Risparmio sui costiIl prezzo dei frutti di bosco freschi al supermercato può essere elevato,**

soprattutto per le varietà biologiche. Coltivare le proprie piante di bacche può ridurre significativamente questi costi, fornendo al contempo una fornitura più costante e affidabile. Le piante di bacche sono piante perenni, il che significa che continueranno a produrre anno dopo anno con la cura adeguata, rendendole un investimento che si ripaga da solo nel tempo. Al prezzo di una singola corsa al supermercato, puoi acquistare alcune piante di bacche che produrranno più raccolti, offrendo molto più valore e divertimento rispetto alle loro controparti acquistate in negozio. **Con l'aiuto di questo libro,** imparerai come massimizzare la produttività delle tue piante, garantendo una fornitura costante di bacche fresche che puoi raccogliere a una frazione del costo di acquisto al negozio.

**Panoramica delle varietà di bacche a crescita rapida**

Sebbene molte piante di bacche richiedano pazienza, alcune varietà crescono rapidamente e danno frutti prima di altre, rendendole scelte perfette per i principianti desiderosi di vedere risultati rapidi. Ecco una breve occhiata ad alcune delle bacche a crescita più rapida con cui puoi iniziare:

- **Fragole**: Queste piante adattabili e resistenti possono iniziare a produrre in appena tre o quattro mesi dopo la semina, con alcune varietà sempreverdi che producono più raccolti a stagione. Le fragole sono perfette per i piccoli spazi e prosperano sia in contenitori che in aiuole.

- **Lamponi**: a crescita rapida e resistenti, i cespugli di lamponi spesso iniziano a produrre nel loro secondo anno, anche se alcune varietà, come i lamponi sempreverdi, possono dare frutti nel loro primo anno. I lamponi sono altamente produttivi e possono fornire raccolti abbondanti con una manutenzione minima.

- **More**: Conosciute per la loro crescita vigorosa, le more sono un'ottima opzione se vuoi stabilire rapidamente un campo di bacche. Tendono a produrre frutti nel secondo anno e le nuove varietà senza spine li rendono più facili da maneggiare.

- **Mirtilli**: Anche se i mirtilli possono richiedere un po' più di tempo per stabilirsi, con tecniche di semina adeguate e condizioni del terreno ideali, puoi iniziare a goderti i raccolti entro due o tre anni. Le varietà nane e in contenitore possono produrre frutti più rapidamente, rendendole ideali per i giardini più piccoli.

- **Bacche di sambuco**: Un'opzione versatile e a crescita rapida, le bacche di sambuco possono crescere di diversi metri a stagione e produrre grappoli di bacche entro il secondo anno. Le piante di sambuco sono resistenti, richiedono poca manutenzione e offrono sia bacche commestibili che un bel fogliame che può migliorare qualsiasi spazio del giardino.

Ognuna di queste bacche ha qualità ed esigenze di crescita uniche, che tratteremo in dettaglio in questo libro.

Selezionando varietà a crescita rapida, sarai in grado di goderti prima le tue bacche coltivate in casa e, man mano che le tue abilità di giardinaggio crescono, puoi espanderti a più varietà e sperimentare diverse configurazioni.

# Capitolo 1

## Iniziare con il giardinaggio dei frutti di bosco

Avviare un giardino di bacche è un'impresa entusiasmante che porta i frutti di frutta fresca, belle piante e un legame più stretto con la natura. Tuttavia, come per qualsiasi progetto di giardinaggio, una pianificazione e una preparazione iniziali ti prepareranno per il successo. I primi passi includono la scelta delle piante di bacche giuste per il clima e lo spazio specifici, l'identificazione di varietà a crescita rapida che produrranno frutti prima e la comprensione delle basi di ogni bacca popolare. Con un'attenta pianificazione, anche gli spazi più piccoli possono produrre un frutteto produttivo. Immergiamoci negli elementi essenziali per iniziare con il giardinaggio dei frutti di bosco.

## Scegliere le piante di bacche giuste per il clima e lo spazio

La selezione delle piante di bacche ideali inizia con la valutazione sia del clima che dello spazio disponibile in giardino. Poiché le bacche sono piante perenni, cresceranno anno dopo anno se adeguatamente mantenute, quindi scegliere varietà adatte alla tua zona climatica e ai vincoli spaziali è la chiave per massimizzare il tuo raccolto a lungo termine.

**1. Compatibilità climaticaLe piante di bacche variano notevolmente nelle loro preferenze climatiche. Per esempio:**

- **Le fragole** sono relativamente resistenti e adattabili, ma alcune varietà si comportano meglio nei climi più freddi, mentre altre prosperano nelle regioni più calde.

- **I lamponi** in genere crescono meglio nei climi più freddi con periodi di freddo invernale ben definiti, mentre alcune varietà più recenti sono progettate per gestire condizioni più calde.

- **I mirtilli** richiedono condizioni specifiche del terreno (terreno acido con un pH di 4,5-5,5) e generalmente preferiscono climi temperati.

- **Le more** sono più tolleranti alle temperature più calde e possono gestire una gamma più ampia di climi.

La ricerca di quali bacche crescono bene nella tua zona di rusticità USDA ti aiuterà a selezionare le piante con le migliori possibilità di successo. Molti centri di giardinaggio e risorse online possono fornire raccomandazioni regionali sulla coltivazione e alcune varietà di bacche sono allevate specificamente per la tolleranza al freddo, la tolleranza al calore o entrambe. Prendi in considerazione varietà adatte alle tue condizioni locali per massimizzare la resa e ridurre al minimo la manutenzione.

**2. Spazio e layoutIl passo successivo è valutare lo spazio disponibile. Le piante di bacche hanno requisiti di spazio diversi:**

- **Le fragole** crescono basse fino al suolo e possono diffondersi rapidamente, rendendole ideali per piccoli appezzamenti o contenitori.

- **Lamponi** e **more** sono piante da canna che possono raggiungere diversi piedi di altezza e diffondersi lateralmente, quindi sono più adatte per aree con spazio verticale o opzioni di traliccio.

- **I mirtilli** crescono come arbusti e possono essere potati per adattarsi ad aree più piccole, ma richiedono più spazio intorno a ciascuna pianta per favorire il flusso d'aria e ridurre il rischio di malattie.

Le piante di bacche possono prosperare in vari ambienti, dai grandi appezzamenti di giardino alle aiuole rialzate e persino ai contenitori compatti, quindi comprendere le abitudini di crescita di ogni tipo di pianta ti aiuterà a sfruttare al meglio il tuo spazio.

## Varietà a crescita rapida per climi diversi

Per accelerare i tempi di raccolta, è essenziale selezionare varietà di bacche a crescita rapida. Ogni tipo di bacca ha cultivar che maturano più velocemente di altre o producono più raccolti a stagione. Di seguito sono riportate alcune opzioni consigliate per la crescita rapida per diversi climi:

- **Fragole**: per una rapida inversione di tendenza, prova **le fragole di giugno**, che producono un grande raccolto ogni anno, o le varietà **sempreverdi**, che producono bacche durante la stagione di crescita in raccolti più piccoli ma continui.

- **Lamponi**: opta per **i lamponi sempreverdi** (noti anche come autunnali) per due raccolti all'anno, uno in estate e un altro all'inizio dell'autunno. Questi sono particolarmente adatti ai climi più freddi.

- **More**: Cerca **more senza spine**, che crescono generalmente vigorose e richiedono meno potatura, rendendole più facili per raccolti rapidi. Nei climi caldi, prendi in considerazione varietà come **Triple Crown** o **Apache**, note per la loro rapida crescita e raccolti abbondanti.

- **Mirtilli**: I mirtilli **Highbush** maturano in tempi relativamente brevi e sono adatti sia per i climi temperati che per quelli più caldi.

Le varietà **Southern Highbush** sono ideali per le zone più calde, mentre **i tipi Northern Highbush** sono migliori per i climi più freddi.

Scegliendo queste varietà a maturazione più rapida o sempreverdi, puoi iniziare a raccogliere le bacche prima e godere di rese multiple durante la stagione di crescita.

**Fattori da considerare: spazio, luce solare e suolo**

Prima di piantare, considera i seguenti fattori essenziali per garantire un giardino di bacche sano:

**1. SpazioPoiché** bacche diverse hanno esigenze di spazio diverse, è utile pianificare le dimensioni mature di ciascuna pianta. Le raccomandazioni sulla spaziatura delle piante generalmente includono:

- **Fragole**: Distanzia le piante a 12-18 pollici di distanza per consentire ai corridori e una nuova crescita.

- **Lamponi e more**: Questi hanno bisogno di circa 2-3 piedi tra le piante e diversi piedi tra le file per consentire un'adeguata circolazione dell'aria.

- **Mirtilli**: pianta arbusti a 3-4 piedi di distanza, soprattutto se stai coltivando più di una varietà per promuovere l'impollinazione incrociata, che aumenta la resa.

**2. Luce solareLe bacche richiedono molta luce solare per prosperare.**

Puntate ad almeno 6-8 ore di sole diretto al giorno per favorire la fioritura e la fruttificazione. I punti più ombreggiati possono ancora produrre alcune bacche, ma le piante potrebbero non raggiungere il loro pieno potenziale. Se la luce solare è limitata, dai la priorità a fragole e more, che possono tollerare meglio l'ombra parziale rispetto a lamponi e mirtilli.

3. Requisiti del suoloUn terreno sano è la base di un frutteto produttivo. Le piante di bacche generalmente preferiscono un terreno argilloso ben drenante e ricco di materia organica. Testare e modificare il terreno aiuterà a garantire che soddisfi le esigenze specifiche di ogni tipo di bacca:

- **Fragole e more**: prosperano in terreni leggermente acidi con un pH di 5,5-6,5.
- **Lamponi**: Preferiscono un pH neutro ma possono tollerare condizioni leggermente acide.
- **Mirtilli**: Richiedono un terreno altamente acido con un pH di 4,5-5,5. L'aggiunta di ammendanti come torba, muschio o zolfo può aiutare ad abbassare il pH secondo necessità.

**Nozioni di base sui frutti di bosco: Un'analisi dei frutti di bosco più popolari per una crescita rapida**

**Fragole**: Ideali per piccoli spazi, le fragole crescono bene in aiuole a terra, aiuole rialzate e contenitori. Le varietà sempreverdi sono un'ottima opzione per i principianti che desiderano raccolti multipli durante la stagione.

**Lamponi**: adatti a chi ha uno spazio moderato, i lamponi crescono meglio nei climi più freschi. Le varietà sempreverdi forniscono una fornitura costante di bacche e sono le preferite dai giardinieri domestici per la loro facilità di cura.

**More**: Conosciute per la loro crescita vigorosa, le more sono perfette per i giardinieri che cercano un'opzione di bacche a bassa manutenzione e ad alto rendimento. Le varietà più recenti senza spine rendono la raccolta più facile e piacevole.

**Mirtilli**: Anche se impiegano un po' più di tempo per stabilirsi, i mirtilli sono molto gratificanti e offrono una bacca dolce e nutriente che può essere utilizzata in innumerevoli ricette. Con le giuste condizioni del terreno, i mirtilli possono essere coltivati in giardini o contenitori.

## Pianificazione di giardini di bacche: massimizzare i piccoli spazi e le opzioni di contenitori per gli ambienti urbani

Per i giardinieri urbani o per coloro che hanno uno spazio esterno limitato, il giardinaggio delle bacche è ancora del tutto possibile. Con la pianificazione strategica, puoi massimizzare piccole aree e persino coltivare bacche in contenitori. Ecco alcuni modi efficaci per ottimizzare lo spazio:

- **Giardini verticali**: per lamponi e more, usa tralicci o recinzioni per incoraggiare la crescita verso l'alto e risparmiare spazio a terra. Il giardinaggio verticale non solo conserva spazio, ma migliora anche il flusso d'aria, riducendo il rischio di malattie.

- **Cesti appesi e fioriere a più livelli**: le fragole, in particolare, prosperano nei cesti appesi e nelle fioriere a più livelli. Queste configurazioni consentono alle piante di scendere a cascata, facilitando la raccolta e mantenendo le piante compatte. Le fioriere a più livelli possono anche ospitare più piante di fragole senza richiedere un'ampia area a terra.

- **Giardinaggio in contenitore**: Molti tipi di bacche possono crescere bene in contenitori, il che li rende ideali per patii, balconi e persino davanzali. Scegli contenitori larghi e profondi almeno 12-18 pollici per fragole, lamponi e more e leggermente più grandi per i mirtilli, che hanno apparati radicali più estesi.

- **Aiuole rialzate**: Per i giardinieri con una qualità del suolo limitata o uno spazio ristretto, le aiuole rialzate offrono una soluzione flessibile. Le aiuole rialzate ti consentono di controllare la qualità del suolo e il drenaggio, rendendo più facile soddisfare le esigenze delle tue piante di bacche.

## Capitolo 2: Strumenti e forniture essenziali

Avere gli strumenti e le forniture giuste è essenziale per qualsiasi giardino di bacche di successo, sia che tu stia iniziando con alcuni contenitori su un balcone o un'aiuola rialzata più grande nel cortile. Strumenti adeguati rendono la semina, la potatura e la manutenzione delle piante di bacche più facili ed efficienti, mentre il terreno, i fertilizzanti e i contenitori di qualità contribuiscono a una crescita sana e a raccolti abbondanti. Questo capitolo ti guiderà attraverso gli strumenti indispensabili, le basi del terreno e dei fertilizzanti e i migliori contenitori e aiuole rialzate per creare un giardino di bacche produttivo che si adatta a qualsiasi spazio.

## Strumenti per una facile coltivazione di bacche: Di cosa avrai bisogno per iniziare

Avviare un giardino di bacche non richiede un investimento massiccio in strumenti, ma avere quelli giusti può far risparmiare tempo, ridurre l'affaticamento e aiutarti a prenderti cura delle tue piante in modo adeguato. Ecco gli strumenti essenziali per il giardinaggio dei frutti di bosco, con suggerimenti su come selezionare quelli che saranno durevoli ed efficaci:

**1. CazzuolaUna buona cazzuola a mano è la migliore amica di un giardiniere.** Questo piccolo **strumento portatile è perfetto per scavare piccole buche, piantare antipasti di bacche e gestire piccole regolazioni del terreno. Cercane**

uno con una presa comoda e una lama durevole, preferibilmente realizzata con materiali resistenti alla ruggine come l'acciaio inossidabile.

**2. Cesoie da potatura** Le cesoie da potatura, o cesoie, sono essenziali per la manutenzione delle piante di **bacche,** in particolare per more, lamponi e cespugli di mirtilli. La potatura aiuta a controllare la crescita, rimuove i rami morti o malati e promuove una nuova crescita sana, che è fondamentale per le piante di bacche produttive. Opta per un paio affilato con un'azione fluida e impugnature ergonomiche per ridurre l'affaticamento della mano, soprattutto se poterai regolarmente.

**3. Guanti da giardino** Lavorare con le piante di bacche comporta spesso spine (specialmente con alcuni tipi di more) e apparati radicali delicati, quindi un paio di guanti robusti è d'obbligo. Scegli guanti che forniscano protezione senza sacrificare la destrezza, come quelli realizzati con una combinazione di pelle e tessuto flessibile. I guanti proteggono anche le mani dal terreno e dai fertilizzanti, rendendo la tua esperienza di giardinaggio più sicura e confortevole.

**4. Zappa da giardino o coltivatore a mano** Questi strumenti aiutano ad allentare il terreno e rimuovere le erbacce, il che è essenziale per mantenere le tue piante di bacche sane e libere dalla competizione. Una zappa da giardino di dimensioni standard funziona bene per aiuole più grandi, mentre un coltivatore manuale è l'ideale per spazi più piccoli o giardini in contenitore. Se hai uno spazio limitato, prendi in considerazione un multiutensile che combina sia una zappa che un coltivatore.

5. Annaffiatoio o tubo con ugello spruzzatoreL'irrigazione costante è fondamentale per le piante di bacche, soprattutto quando stanno mettendo radici. Un annaffiatoio è ideale per un'irrigazione precisa in piccoli giardini o contenitori, mentre un tubo con ugello spruzzatore è utile per le aiuole più grandi. Cerca un ugello spray con

impostazioni regolabili, in modo da poter scegliere una doccia delicata per le piantine e uno spray più forte per le piante consolidate.

**6. Spandipacciamento o spandicompost** Sebbene non sia strettamente necessario, uno spandipacciatore o una forchetta per compost possono rendere molto più facile l'applicazione di materia organica intorno alle piante. Il pacciame e il compost aiutano a trattenere l'umidità del suolo, sopprimere le erbacce e aggiungere sostanze nutritive al terreno, tutti benefici per le piante di bacche.

**7. Pali da giardino e supporti a traliccio** Per le bacche che crescono su canne, come lamponi e more, o tipi di rampicanti, come alcune fragole, i supporti sono essenziali. Paletti, tralicci o gabbie manterranno le piante in posizione verticale, favoriranno un buon flusso d'aria e faciliteranno la raccolta. Cerca materiali robusti e resistenti agli agenti atmosferici, come il metallo o il legno trattato, per assicurarti che resistano nel tempo.

**Nozioni di base su terreno e fertilizzanti per una crescita ottimale**

La base di un frutteto produttivo è un terreno ricco di sostanze nutritive e ben drenante. Le piante di bacche sono perenni e si affidano a un terreno costante e di supporto per prosperare anno dopo anno. La scelta della giusta miscela di terreno e fertilizzante fornirà nutrienti essenziali, sosterrà lo sviluppo delle radici e incoraggerà un'abbondante fruttificazione.

**Scegliere un terreno ricco di sostanze nutritive**

La maggior parte delle piante di bacche preferisce un terreno ben drenante, argilloso e leggermente acido. Sebbene ogni tipo di bacca abbia esigenze specifiche, queste linee guida generali ti aiuteranno a selezionare il terreno giusto:

- **Struttura del suolo**: Le piante di bacche hanno bisogno di un terreno sciolto e arioso per consentire la crescita e il drenaggio delle radici. Il terreno argilloso, che è un mix equilibrato di sabbia, limo e argilla, è l'ideale perché trattiene l'umidità senza impregnarsi d'acqua. Evita il terreno argilloso pesante, poiché può compattarsi e ostacolare la crescita delle radici.

- **pH del suolo**: La maggior parte delle piante di bacche prospera in condizioni leggermente acide. Per esempio:

    o **I mirtilli** richiedono un terreno altamente acido con un pH compreso tra 4,5 e 5,5.

    o **Fragole, lamponi e more** crescono bene con un pH compreso tra 5,5 e 6,5.

Puoi testare il pH del tuo terreno con un kit di test casalingo o inviando un campione a un servizio di estensione agricola locale. Se necessario, puoi abbassare il pH del terreno aggiungendo zolfo organico o muschio di torba, oppure puoi usare miscele di terreno progettate per piante che amano gli acidi.

- **Ammendanti del suolo**: l'aggiunta di materia organica, come compost o letame ben decomposto, può migliorare la fertilità, la struttura e la ritenzione dell'umidità del suolo. Per le piante di bacche, prendi in considerazione la possibilità di mescolare compost o muschio di torba al momento della semina e rinfrescare il terreno ogni stagione con un sottile strato di materia organica.

## Opzioni di fertilizzanti organici per piante sane

Una volta che le tue piante di bacche si sono stabilite, beneficeranno di un'alimentazione periodica. I fertilizzanti organici favoriscono la salute del suolo a lungo termine e riducono il rischio di accumulo di sostanze chimiche. Ecco alcune eccellenti opzioni di fertilizzanti organici per le bacche:

- **Compost**: Il compost è un fertilizzante naturale che fornisce una serie di sostanze nutritive. Migliora anche la struttura del suolo, promuove l'attività microbica benefica e aiuta a trattenere l'umidità. Applica il compost intorno alla base delle tue piante all'inizio della stagione di crescita e di nuovo a metà stagione.

- **Emulsione di pesce**: L'emulsione di pesce è un fertilizzante bilanciato e ad azione rapida ad alto contenuto di azoto, che incoraggia la crescita delle foglie all'inizio della stagione. È facile da applicare diluindolo in acqua e utilizzandolo come inzuppatore di terreno o spray fogliare.

- **Farina di ossa e farina di sangue**: la farina di ossa è ricca di fosforo, che supporta lo sviluppo delle radici e la produzione di frutta, mentre la farina di sangue fornisce azoto. Applicare la farina d'ossa al momento della semina e occasionalmente durante la stagione di crescita.

- **Pacciame**: Il pacciame organico, come paglia o foglie sminuzzate, funge sia da fertilizzante che da ammendante. Man mano che si decompone, il pacciame aggiunge sostanze nutritive al terreno, trattiene l'umidità e riduce le erbacce. Applicare uno strato di 2-3 pollici attorno alla base di ogni pianta, ma lasciare un po' di spazio intorno allo stelo per evitare il marciume.

**Contenitori e aiuole rialzate: opzioni facili per un giardino di bacche versatile**

Se stai lavorando con uno spazio limitato o desideri la flessibilità di spostare le tue piante di bacche, i contenitori e le aiuole rialzate offrono soluzioni ideali. Entrambe le opzioni forniscono un migliore controllo sulle condizioni del suolo e rendono il giardinaggio più accessibile.

## Giardinaggio in container

I contenitori sono perfetti per piccoli spazi, patii o persino balconi. Ecco come ottenere il massimo dal giardinaggio in contenitore per le tue piante di bacche:

- **Dimensioni del contenitore**: scegli contenitori profondi almeno 12-18 pollici per accogliere la crescita delle radici. Per piante più grandi come i mirtilli, prendi in considerazione contenitori da 18-24 pollici.

- **Drenaggio**: assicurarsi che ogni contenitore abbia fori di drenaggio per evitare che l'acqua si accumuli sul fondo, che può portare al marciume radicale. Se necessario, praticare ulteriori fori.

- **Miscela di terreno**: Usa un terriccio di alta qualità arricchito con compost e muschio di torba per fornire nutrienti e mantenere la giusta acidità.

- **Selezione varietale**: Scegliete varietà compatte e adatte ai contenitori, come le fragole alpine o i mirtilli nani, che si adattano bene agli spazi ristretti.

**Letti rialzati**

Le aiuole rialzate sono una scelta eccellente per i giardinieri che desiderano un maggiore controllo sulle condizioni del suolo massimizzando l'area di impianto:

- **Dimensioni**: Costruisci aiuole rialzate alte 12-18 pollici per fornire un'ampia profondità alle radici delle piante di bacche. Una larghezza di 3-4 piedi consente un facile accesso per la semina, la potatura e la raccolta.

- **Miscela di terreno**: Riempi le aiuole con una miscela di terreno argilloso e ben drenante. Aggiungi ammendanti organici come compost e muschio di torba per creare un ambiente acido e ricco di sostanze nutritive.

- **Pacciamatura e manutenzione**: pacciama la

superficie delle aiuole rialzate per trattenere l'umidità, sopprimere le erbacce e aggiungere materia organica. Le aiuole rialzate spesso si riscaldano più velocemente in primavera, prolungando leggermente la stagione di crescita, il che è un vantaggio per i giardinieri di bacche.

# Capitolo 3

## Preparare il terreno e piantare

Il segreto per un frutteto produttivo risiede nelle fondamenta che crei attraverso la preparazione del terreno e un'attenta semina. Un terreno di alta qualità e ben preparato non solo supporta un robusto apparato radicale, ma fornisce anche i nutrienti necessari per una crescita vigorosa e raccolti abbondanti. Questo capitolo ti guiderà attraverso la preparazione delle condizioni ideali del terreno, il bilanciamento del pH e dei livelli di nutrienti e la piantagione di varietà di bacche popolari per ottenere il miglior inizio possibile per piante a crescita rapida e ad alto rendimento.

## Preparazione del terreno per una crescita rapida

La preparazione del terreno è essenziale per qualsiasi giardino, ma è particolarmente importante per le piante di bacche, che dipendono da un terreno ricco di sostanze nutritive e ben drenante. Un terreno adeguatamente preparato fornisce l'ambiente giusto per le tue bacche per stabilire radici forti, resistere alle malattie e produrre frutti abbondanti. In questa sezione, tratteremo i passaggi per preparare e testare il tuo terreno, concentrandoci sulla creazione di condizioni che incoraggino una crescita rapida.

**Testare e modificare il terreno per una produzione ottimale di bacche**

Prima di piantare, è una buona idea valutare le condizioni attuali del terreno testandone il livello di pH e il contenuto di nutrienti. Questa analisi iniziale ti aiuta a identificare quali regolazioni, se presenti, sono necessarie per creare l'ambiente ideale per i tuoi frutti di bosco.

1. **Analisi del suolo**

- **Test del pH**: Le bacche generalmente preferiscono un terreno leggermente acido. Per esempio:
    - **I mirtilli** prosperano in terreni altamente acidi, con un pH di 4,5-5,5.
    - **Fragole, lamponi e more** preferiscono un intervallo di pH compreso tra 5,5 e 6,5.

- È possibile acquistare un kit per l'analisi del suolo a domicilio, che fornisce un feedback rapido sul pH e su alcuni livelli di nutrienti, oppure inviare un campione a un servizio di estensione agricola locale per un'analisi più dettagliata. Conoscere l'esatto pH e il contenuto di nutrienti del tuo terreno ti consente di apportare modifiche specifiche per ottenere i migliori risultati.

2. **Ammendante del terreno per una crescita ideale**

- **Regolazione del pH**: se il tuo terreno è troppo alcalino (pH superiore a 7), l'aggiunta di materiali come zolfo o muschio di torba può aiutare ad abbassare il pH. Per piccoli aggiustamenti, puoi usare materiali organici come fondi di caffè o aghi di pino, che acidificano naturalmente il terreno mentre si decompongono.

- **Aggiunta di sostanze nutritive**: Il terreno ricco di sostanze nutritive è essenziale per una rapida crescita delle bacche. Le piante di bacche beneficiano in particolare del terreno ricco di materia organica, che fornisce un rilascio lento e costante di sostanze nutritive. Ecco come migliorare la densità dei nutrienti:

    o **Compost**: l'aggiunta di compost al terreno aumenta la materia organica e fornisce nutrienti essenziali. Incorpora uno strato di compost nel terreno al momento della semina e applica uno strato sottile ogni stagione di crescita per mantenere la fertilità.

- **Letame:** il letame ben decomposto di mucche, cavalli o polli è un'altra eccellente fonte di nutrienti, in particolare azoto, che favorisce la crescita delle foglie. Il letame deve essere ben invecchiato, poiché il letame fresco può essere troppo forte e danneggiare le radici tenere.

- **Ammendanti naturali:** La farina di sangue, la farina di ossa e l'emulsione di pesce sono ottimi fertilizzanti organici per le piante di bacche. La farina di sangue fornisce una spinta di azoto, la farina di ossa aggiunge fosforo per lo sviluppo delle radici e l'emulsione di pesce offre un mix equilibrato di nutrienti.

# Suggerimenti rapidi per l'equilibrio del pH e la densità dei nutrienti

Raggiungere il giusto equilibrio del pH e dei livelli di nutrienti può sembrare scoraggiante, ma alcuni suggerimenti chiave possono semplificare il processo:

- **Iniziate in piccolo con gli ammendanti**: Quando regolate il pH o aggiungete fertilizzanti, iniziate con una quantità conservativa e monitorate la risposta delle piante. L'eccessiva modifica può portare a squilibri nutrizionali che danneggiano la crescita delle piante.

- **Concentrati sulla materia organica**: il materiale organico, come il compost o la muffa delle foglie, migliora sia la densità dei nutrienti che la struttura del suolo, aiutando a trattenere l'umidità e l'aerazione.

- **Testare e regolare regolarmente**: le condizioni del suolo cambiano nel tempo, soprattutto dopo la semina. Metti alla prova il tuo terreno ogni anno e regola gli emendamenti secondo necessità per mantenere un ambiente di crescita ottimale.

# Metodi di impianto per ogni tipo di bacca

Ogni tipo di bacca ha requisiti leggermente diversi per la semina, dalla profondità e spaziatura al periodo migliore dell'anno per la semina. Seguire questi passaggi per le varietà di bacche più diffuse ti aiuterà a garantire che le tue piante partano bene e si stabiliscano rapidamente.

## Guide dettagliate alla semina per varietà popolari

**1. Fragole**

- **Varietà**: Esistono tre tipi principali di fragole: June-bearing, everbearing e day-neutral. Scegli in base alle tue preferenze per il momento e la quantità del raccolto.

- **Profondità e spaziatura di impianto**: Pianta le fragole in modo che la corona (la parte in cui lo stelo incontra le radici) si trovi appena sopra il livello del suolo. Le piante spaziali sono distanti circa 12 pollici l'una dall'altra, con 24 pollici tra le file.

- **Tempo di semina**: L'inizio della primavera è l'ideale per la maggior parte delle regioni. Nei climi più caldi, la semina autunnale consente alle radici di stabilirsi durante il clima più fresco.

- **Suggerimenti speciali**: per risultati più rapidi, scegli varietà sempreverdi o neutre rispetto al giorno, che fruttificano più volte a stagione.

## 2. Mirtilli

- **Varietà**: Highbush, lowbush e half-high sono tipi di mirtilli comuni. Le varietà highbush si comportano bene nei climi temperati, mentre le varietà lowbush sono ideali per le regioni più fredde.

- **Profondità e spaziatura di impianto**: Scava una buca larga il doppio della zolla e abbastanza profonda da coprire le radici. Spazio mirtilli highbush a circa 5 piedi di distanza.

- **Tempo di semina**: l'inizio della primavera o il tardo autunno è il migliore, ma la semina all'inizio della primavera è l'ideale per una crescita rapida.

- **Suggerimenti speciali**: I mirtilli hanno bisogno di un terreno altamente acido. Prendi in considerazione l'aggiunta di pacciame di corteccia di pino, che acidifica gradualmente il terreno man mano che si decompone.

### 3. Lamponi

- **Varietà**: Summer-bearing e everbearing sono le principali tipologie. Le varietà sempreverdi producono frutti sia in estate che in autunno, rendendole una scelta popolare per raccolti rapidi e continui.

- **Profondità e spaziatura di impianto**: Pianta le canne di lampone 2-3 pollici più in profondità di quanto non fossero nel vaso del vivaio, distanziandole di 2-3 piedi l'una dall'altra in file distanziate di 6-8 piedi l'una dall'altra.

- **Tempo di semina**: L'inizio della primavera è il momento migliore per piantare i lamponi, in quanto consente alle radici di stabilirsi prima dell'estate.

- **Consigli speciali**: i lamponi si diffondono attraverso i canali sotterranei. Per mantenere le piante gestibili, prendi in considerazione l'installazione di una barriera antiradice o la semina in aiuole rialzate.

## 4. More

- **Varietà**: Sono disponibili varietà erette, semierette e rampicanti.

Le more erette sono cespugliose e generalmente non richiedono supporto, mentre i tipi semi-eretti e finali beneficiano di un traliccio.

- **Profondità e spaziatura di impianto**: pianta le more a circa 1-2 pollici più in profondità rispetto al livello del vivaio. Piante spaziali a circa 4 piedi di distanza.

- **Tempo di semina**: Pianta le more all'inizio della primavera o in autunno nei climi più caldi.

- **Suggerimenti speciali**: Le more sono piante vigorose e a crescita rapida. Pota le vecchie canne dopo la stagione di fruttificazione per incoraggiare una nuova crescita.

5. Uva spina e ribes

- **Varietà**: Il ribes rosso, bianco e nero è popolare per i giardini, insieme alle varietà di uva spina europee e americane.

- **Profondità e spaziatura di impianto**: pianta il ribes e l'uva spina alla stessa profondità in cui si trovavano nel vaso del vivaio. Pianta spaziale a 3-5 piedi di distanza.

- **Tempo di semina**: l'inizio della primavera è l'ideale per la semina, ma la semina autunnale funziona nei climi miti.

- **Suggerimenti speciali**: queste bacche tollerano un po' d'ombra, il che le rende adatte per i luoghi che ricevono la luce solare mattutina o filtrata.

**Scegliere il momento giusto per piantare per accelerare la crescita**

I tempi di semina possono avere un impatto significativo sulla crescita e sulla produzione delle bacche. Piantare al momento giusto aiuta le piante a stabilirsi rapidamente, a mettere radici profonde e a sviluppare una forte crescita prima della prima stagione del raccolto.

- **Semina primaverile**: L'inizio della primavera è generalmente il momento migliore per piantare la maggior parte dei tipi di bacche. Il clima più fresco e le abbondanti precipitazioni aiutano le piante a stabilirsi senza lo stress del caldo estivo. Nelle regioni con inverni miti, alcune piante, come fragole e more, possono essere piantate anche in autunno.

- **Piantagione autunnale**: Nei climi miti, la semina autunnale offre alle piante di bacche un vantaggio per la prossima stagione di crescita. La semina autunnale funziona particolarmente bene per lamponi, more e fragole, che beneficiano della crescita delle radici durante l'inverno.

- **Preparazione della stagione di crescita**: Preparare in anticipo il terreno, gli strumenti e il programma di semina renderà la semina primaverile più fluida ed efficiente. I preparativi autunnali, come l'analisi e la modifica del terreno, significano che sarai pronto a piantare non appena il clima si riscalda.

# Capitolo 4

## Semplice cura delle piante di bacche

Una volta che hai piantato con successo il tuo giardino di bacche, la cura continua è essenziale per aiutare le tue piante a prosperare e produrre raccolti abbondanti. Sebbene le piante di bacche richiedano una manutenzione relativamente bassa, prendersi cura delle loro esigenze specifiche incoraggerà una crescita rapida, piante più sane e rese più elevate. In questo capitolo, tratteremo gli elementi essenziali della cura delle piante di bacche, tra cui l'irrigazione e la pacciamatura, la potatura e il controllo dei parassiti, con un'enfasi su tecniche semplici che anche i principianti possono gestire.

# Irrigazione e pacciamatura per una crescita ottimale

L'acqua e il pacciame svolgono un ruolo cruciale nella salute delle piante di bacche. Un'irrigazione adeguata favorisce un forte apparato radicale, mentre la pacciamatura aiuta a trattenere l'umidità, regolare la temperatura del suolo e ridurre la competizione delle erbe infestanti. Ogni tipo di bacca ha requisiti idrici leggermente diversi, quindi capire cosa funziona meglio per ciascuno di essi favorirà una crescita più rapida e produttiva.

**Quanta acqua ha bisogno ogni tipo di bacca per una crescita più rapida**

Le piante di bacche generalmente preferiscono un'umidità costante, ma l'irrigazione eccessiva può portare a marciume radicale e problemi fungini. Ecco le linee guida generali per l'irrigazione per i diversi tipi di bacche:

1. **Fragole**:

    o Le fragole prosperano con circa 1-1,5 pollici di acqua a settimana, sia dalle piogge che dall'irrigazione. Durante la stagione calda, potrebbero aver bisogno di annaffiature più frequenti per mantenere il terreno costantemente umido.

    o L'irrigazione mattutina aiuta a ridurre le malattie fungine consentendo all'umidità in eccesso di evaporare durante il giorno. Cerca di mantenere il terreno uniformemente umido ma non impregnato d'acqua.

2. **Mirtilli**:

- I mirtilli preferiscono un terreno leggermente acido che trattiene bene l'umidità. In genere hanno bisogno di 1-2 pollici di acqua a settimana.

- A causa dei loro apparati radicali poco profondi, sono sensibili alle condizioni di siccità. La pacciamatura (discussa di seguito) è particolarmente utile per i mirtilli, aiutando a mantenere il terreno fresco e umido.

3. **Lamponi**:

- I lamponi sono più resistenti alla siccità rispetto ad altre bacche, ma richiedono comunque un'umidità costante per una crescita ottimale. Circa 1-1,5 pollici di acqua a settimana sono generalmente sufficienti.

- Durante le fasi di fioritura e fruttificazione, potrebbero aver bisogno di acqua aggiuntiva per garantire bacche succose e piene. Evita di annaffiare direttamente sulle foglie per ridurre il rischio di infezioni fungine.

4. **More**:

- Le more, come i lamponi, hanno bisogno di circa 1-2 pollici di acqua a settimana, soprattutto durante lo sviluppo dei frutti.

- Immergi accuratamente il terreno piuttosto che dare annaffiature leggere e frequenti, in quanto ciò incoraggia la crescita delle radici profonde e aiuta le more a resistere ai periodi di siccità.

5. **Uva spina e ribes:**

- Queste bacche hanno bisogno in media di 1 pollice di acqua a settimana. Come i mirtilli, preferiscono un terreno costantemente umido ma soffriranno se impregnati d'acqua.

- L'uva spina e il ribes beneficiano di un'irrigazione profonda che consente all'umidità di raggiungere le radici, soprattutto durante i periodi di siccità.

Una regola generale per annaffiare tutte le piante di bacche è quella di puntare a un terreno umido al tatto senza essere fangoso. Un'irrigazione profonda e accurata favorisce un apparato radicale più forte, essenziale per sostenere la crescita e la salute durante la fase di fruttificazione.

# Uso del pacciame per trattenere l'umidità e prevenire le erbacce

Il pacciame è un'aggiunta preziosa a qualsiasi giardino di bacche, in quanto serve a molteplici scopi a beneficio sia delle piante che del giardiniere:

- **Ritenzione di umidità**: il pacciame aiuta il terreno a trattenere l'umidità, riducendo la frequenza delle annaffiature e creando un ambiente più stabile per le radici delle bacche.

- **Regolazione della temperatura**: il pacciame funge da isolante, mantenendo il terreno fresco nella stagione calda e più caldo nella stagione fredda. Questo aiuta a mantenere un ambiente di crescita ideale per i frutti di bosco.

- **Soppressione delle erbacce**: Uno strato di pacciame impedisce alle erbacce di attecchire intorno alle piante di bacche, riducendo la competizione per i nutrienti e l'acqua.

- **Arricchimento del suolo**: Il pacciame organico, come paglia, trucioli di legno o aghi di pino, si rompe gradualmente e arricchisce il terreno di sostanze nutritive, creando un terreno di coltura più sano per le bacche.

**Tipi di pacciame per piante di bacche**:

- **Paglia**: Ideale per le fragole, la paglia aiuta a proteggere i frutti dal contatto con il terreno, riducendo il marciume e i problemi fungini.

- **Aghi di pino**: Gli aghi di pino sono un'ottima scelta per i mirtilli in quanto aiutano a mantenere il terreno leggermente acido che queste piante preferiscono.

- **Trucioli di legno**: I trucioli di legno funzionano bene per lamponi, more e ribes, poiché si decompongono lentamente, fornendo una soppressione delle erbacce a lungo termine e una ritenzione dell'umidità.

- **Compost**: Per aggiungere sostanze nutritive, puoi usare il compost come uno strato sottile attorno alla base delle piante. Il pacciame di compost arricchisce il terreno nel tempo, sostenendo la salute e la produttività delle piante.

**Potatura per produttività e velocità**

La potatura è una pratica essenziale per la manutenzione delle piante di bacche. Le piante ben potate sono più sane, producono più frutti e sono meno soggette a malattie. Seguendo alcune semplici tecniche di potatura, puoi incoraggiare una crescita più rapida ed evitare una crescita eccessiva, che può portare a sovraffollamento e rese ridotte.

**Semplici tecniche di potatura per rese più rapide delle bacche**

Ogni tipo di acino ha esigenze di potatura uniche per massimizzare la produttività:

1. **Fragole:**
   - **Corridori**: Le piante di fragole producono corridori (lunghi steli con piccole piante attaccate). Mentre i corridori aiutano a propagare le fragole, distolgono energia dalla produzione di frutta. Rimuovi la maggior parte dei corridori per concentrare l'energia della pianta sullo sviluppo dei frutti.
   - **Ristrutturazione**: Dopo la stagione di raccolta principale, falciare o tagliare

le fragole di giugno fino a un pollice sopra la corona. Questo incoraggia una nuova crescita per la prossima stagione.

2. **Mirtilli**:

    o **Potatura annuale**: I mirtilli hanno bisogno di potatura ogni inverno per rimuovere i rami morti o deboli. Cerca di tagliare circa un quarto dei rami più vecchi ogni anno per incoraggiare una nuova crescita.

    o **Modellatura**: Mantieni aperto il centro del cespuglio rimuovendo tutti i rami che crescono verso l'interno, consentendo alla luce solare di raggiungere tutte le parti della pianta per una maturazione uniforme dei frutti.

3. **Lamponi e more**:

- **Rimozione della vecchia canna**: lamponi e more producono frutti sulle canne (steli) del secondo anno. Dopo la fruttificazione, taglia queste canne fino a terra, poiché non produrranno di nuovo.

- **Diradamento**: dirada le nuove canne in modo che ci sia spazio per il flusso d'aria e la luce solare tra di loro. Punta a circa 4-5 canne per piede quadrato per una crescita e una resa ottimali.

4. **Uva spina e ribes:**

- **Rimozione del legno vecchio**: l'uva spina e il ribes traggono vantaggio dalla rimozione dei gambi più vecchi ogni anno. Questo aiuta a mantenere una pianta produttiva e incoraggia la crescita di nuovi steli fruttiferi.

- **Modellatura**: Potare le piante per mantenere una struttura aperta, riducendo la probabilità di malattie fungine e permettendo alla luce solare di raggiungere tutte le parti della pianta.

## Suggerimenti per evitare la crescita eccessiva e incoraggiare la fruttificazione

- **Ispezioni regolari**: Controlla le tue piante durante la stagione per verificare la presenza di aree sovraffollate o steli che necessitano di diradamento. Questa pratica non solo incoraggia una migliore crescita, ma consente anche di individuare precocemente i segni della malattia.

- **Potatura precoce**: Per bacche a crescita rapida come lamponi e more, inizia la potatura non appena emergono nuove canne in primavera. La potatura precoce dirige la crescita e impedisce alle piante di diventare ingestibili.

- **Spaziatura e circolazione dell'aria**: un buon flusso d'aria intorno alle piante di bacche è essenziale per prevenire le malattie fungine. Una potatura e una spaziatura adeguate aiutano a mantenere questo flusso d'aria e a ridurre l'umidità intorno alle piante, il che può essere utile per la prevenzione delle malattie.

# Controllo dei parassiti semplificato

I parassiti sono una sfida comune nel giardinaggio dei frutti di bosco, ma con alcune semplici strategie puoi proteggere le tue piante senza fare affidamento su sostanze chimiche dannose. Questa sezione copre le soluzioni biologiche per il controllo dei parassiti e come le piante da consociazione possono aiutare a scoraggiare gli insetti in modo naturale.

**Soluzioni organiche per i parassiti comuni delle bacche**

1. **Afidi**: questi minuscoli insetti succhiano la linfa dalle piante di bacche, indebolendole e diffondendo malattie.

- **Soluzione**: spruzzare le piante con una miscela di acqua e qualche goccia di detersivo per piatti per rimuovere gli afidi. L'olio di neem è anche un efficace pesticida organico.

2. **Uccelli**: Gli uccelli sono spesso attratti dalle bacche in maturazione.

    - **Soluzione**: Coprire le piante con una rete leggera per uccelli per proteggere il frutto. Puoi anche usare tattiche intimidatorie come nastro riflettente o spinner da giardino per scoraggiare gli uccelli.

3. **Lumache e lumache**: questi parassiti sono particolarmente problematici nelle zone umide e ombreggiate.

   ○ **Soluzione**: Posiziona gusci d'uovo schiacciati o farina fossile intorno alle piante, poiché creano una barriera che lumache e lumache evitano. Le trappole per birra possono anche essere efficaci per intrappolarle e rimuoverle.

4. **Scarafaggi giapponesi**: questi coleotteri possono causare danni masticando foglie e fiori.

   ○ **Soluzione**: raccogli a mano i coleotteri al mattino presto quando sono pigri e mettili in acqua saponata. Piantare aglio o erba cipollina nelle vicinanze può aiutare a respingere questi coleotteri.

# Utilizzo di piante da consociazione per scoraggiare naturalmente gli insetti

La consociazione di piante prevede la coltivazione di piante specifiche insieme per migliorare la crescita e scoraggiare i parassiti in modo naturale. Ecco alcuni compagni utili per le piante di bacche:

- **Aglio ed erba cipollina**: Conosciute per respingere afidi, lumache e coleotteri, queste piante possono essere interpiantate con la maggior parte delle bacche, in particolare fragole e lamponi.

- **Calendule**: questi fiori luminosi scoraggiano una varietà di parassiti, tra cui afidi e nematodi.

Pianta le calendule lungo il perimetro del tuo giardino di bacche.

- **Basilico e menta**: queste erbe aromatiche respingono gli insetti e migliorano il sapore delle fragole vicine. Sono anche ottimi compagni per mirtilli e more.

- **Cipolle**: come l'aglio, le cipolle sono repellenti naturali per i parassiti e aiutano a tenere lontane lumache e afidi. Piantarli vicino ai letti di fragole può proteggere le bacche dai parassiti comuni.

# Capitolo 5

## Massimizzare la crescita delle bacche

Una volta che hai stabilito il tuo giardino di bacche, è il momento di concentrarti sulla massimizzazione della crescita per godere di raccolti più rapidi, piante più sane e raccolti deliziosi. Questo capitolo approfondisce la concimazione efficace, i benefici della consociazione di piante e le migliori pratiche per gestire la luce solare e l'ombra per accelerare la maturazione delle bacche. Queste strategie lavorano insieme per creare un ambiente in cui le tue piante di bacche prosperano, offrendoti raccolti più grandi e più produttivi.

## Concimazione per rese più rapide

La concimazione è essenziale per le piante di bacche, in quanto fornisce i nutrienti di cui hanno bisogno per crescere forti e produttive. Mentre tutte le piante beneficiano di una nutrizione equilibrata, le bacche hanno esigenze specifiche a seconda della varietà e della fase di crescita. I fertilizzanti giusti, applicati al momento giusto, possono aumentare significativamente il tasso di crescita e la resa delle tue piante.

# Fertilizzanti naturali per una produzione più rapida di bacche

L'uso di fertilizzanti naturali favorisce sia una crescita rapida che la salute del suolo a lungo termine, riducendo il rischio di squilibri nutrizionali e stress delle piante. Ecco alcune opzioni biologiche che funzionano bene per diversi tipi di frutti di bosco:

1. **Compost**:

    o Il compost è un eccellente fertilizzante generico per tutte le piante di bacche. Arricchisce il terreno di nutrienti essenziali e ne migliora la struttura, migliorando la ritenzione dell'umidità e il drenaggio.

- Applicare uno strato di compost da 1 a 2 pollici attorno alla base di ogni pianta all'inizio della primavera per avviare la crescita, quindi aggiungerne altro a metà stagione per aumentare la crescita.

2. **Emulsione di pesce**:
   - L'emulsione di pesce è un fertilizzante liquido ad alto contenuto di azoto che viene rapidamente assorbito dalle piante, il che lo rende ideale per incoraggiare la crescita delle foglie all'inizio della stagione.
   - Per frutti di bosco come fragole e lamponi, usa

l'emulsione di pesce diluita con acqua in primavera per favorire uno sviluppo rapido e sano delle piante.

3. **Farina di ossa**:

   o La farina d'ossa è ricca di fosforo, che favorisce lo sviluppo delle radici ed è particolarmente utile durante le fasi di fioritura e fruttificazione.

   o Applicare la farina d'ossa intorno a mirtilli, fragole e lamponi per stimolare apparati radicali più forti e incoraggiare l'allegagione precoce.

4. **Sale di Epsom**:

- Il sale di Epsom fornisce magnesio, che aiuta le piante a produrre clorofilla e aumenta la fotosintesi, portando a piante più sane e produttive.
- Sciogliere 1 cucchiaio di sale Epsom in un litro d'acqua e applicarlo intorno alla base dei cespugli di mirtilli ogni mese durante la stagione di crescita.

5. **Letame**:

- Il letame invecchiato è un eccellente fertilizzante naturale, ricco di azoto e altri nutrienti essenziali. Usa il letame con parsimonia e assicurati che sia ben invecchiato per evitare di bruciare le giovani piante.

- Le more e i lamponi beneficiano in particolare del letame. Applicalo all'inizio della primavera e mescolalo allo strato superiore di terreno intorno alle piante per un apporto di nutrienti.

## Tempistica delle applicazioni per stimolare la crescita

Il tempismo è fondamentale quando si concimano le piante di bacche. L'applicazione dei giusti nutrienti in ogni fase della crescita assicura che le piante abbiano ciò di cui hanno bisogno per produrre un fogliame rigoglioso, dare frutti e sviluppare bacche grandi.

- **Inizio primavera**: Applica il compost o un fertilizzante multiuso all'inizio della stagione per promuovere una crescita robusta.

- **Fase di fioritura**: Passa a fertilizzanti più ricchi di fosforo, come la farina d'ossa, quando le piante iniziano a fiorire. Il fosforo favorisce un forte apparato radicale e migliora la fruttificazione.

- **Sviluppo dei frutti**: Applicare fertilizzanti ricchi di potassio (come alghe o bucce di banana) per aiutare la produzione e la qualità della frutta.

- **Boost di mezza stagione**: Per mantenere il vigore e prolungare il periodo di raccolta, somministrare alle piante una leggera concimazione di compost o un fertilizzante liquido bilanciato a metà estate.

# Aumentare la crescita con la consociazione di piante

La consociazione di piante è una pratica di giardinaggio collaudata nel tempo che prevede la coltivazione di determinate piante insieme per aumentare la crescita, migliorare i raccolti e respingere naturalmente i parassiti. Se utilizzate strategicamente in un giardino di bacche, le piante da consociazione possono creare un ecosistema equilibrato che avvantaggia le tue bacche senza richiedere sostanze chimiche aggiuntive o complessi controlli dei parassiti.

**Le migliori piante da consociazione per i frutti di bosco**

Alcune piante completano naturalmente le piante di bacche, aiutandole a crescere più velocemente, migliorando la qualità del suolo e tenendo a bada gli insetti dannosi. Ecco alcune eccellenti piante da consociazione per bacche popolari:

1. **Aglio ed erba cipollina**:
   - Queste piante pungenti respingono afidi, acari e altri parassiti comuni nei giardini di bacche. L'aglio e l'erba cipollina funzionano bene con fragole, lamponi e mirtilli.

   - Pianta l'aglio o l'erba cipollina a grappoli attorno a cespugli o file di bacche, permettendo loro di scoraggiare i parassiti in modo naturale aggiungendo sapore e diversità al tuo giardino.

2. **Borragine**:

- La borragine attira gli impollinatori, essenziali per le piante da frutto, e respinge i vermi del pomodoro, che a volte possono attaccare le piante di bacche. È particolarmente utile vicino a fragole e lamponi.

- Le sue grandi foglie possono anche fungere da pacciame vivente, ombreggiando il terreno e aiutando a trattenere l'umidità.

3. **Calendule**:

- Conosciute per le loro fioriture vivaci, le calendule scoraggiano nematodi e afidi. Attirano anche insetti benefici che predano i parassiti.
- Pianta le calendule vicino alle tue piante di bacche per creare una barriera naturale contro i parassiti. Funzionano bene con quasi tutte le varietà di bacche.

4. **Timo e salvia:**

- Queste erbe aromatiche respingono i vermi del cavolo e altri insetti che mangiano le foglie, fornendo una protezione naturale alle tue bacche.

- Il timo e la salvia possono essere coltivati intorno alle piante di bacche, in particolare alle fragole, per creare una zona priva di parassiti e aggiungere una deliziosa fragranza al tuo giardino.

5. **Menta**:
    - La menta è efficace nel respingere formiche, afidi e altri insetti che possono danneggiare le piante di bacche. È particolarmente utile per i mirtilli, che spesso lottano con i parassiti.
    - Pianta la menta in contenitori lungo il

perimetro del tuo giardino di bacche, poiché si diffonde rapidamente e può diventare invasiva se non contenuta.

## In che modo la consociazione di piante può migliorare i raccolti e ridurre i parassiti

La consociazione di piante non si limita a tenere lontani i parassiti; Aiuta anche a migliorare i raccolti creando un ambiente del giardino più sano. Ecco come le piante da consociazione supportano la crescita delle bacche:

- **Migliorare la salute del suolo**: alcune piante da compagnia, come i legumi, fissano l'azoto nel terreno, rendendolo più ricco di sostanze nutritive. Queste piante agiscono come fertilizzanti naturali per le tue piante di bacche.

- **Attirare gli impollinatori**: Fiori come la borragine e la calendula attirano api e farfalle, essenziali per l'impollinazione. Con più impollinatori che visitano il tuo giardino, le piante di bacche possono produrre raccolti più grandi e abbondanti.

- **Regolazione dell'umidità e riduzione delle erbacce**: i compagni a bassa crescita come il timo e l'origano agiscono come pacciame vivente, ombreggiando il terreno per ridurre l'evaporazione dell'acqua e impedendo alle erbacce di attecchire.

# Gestione della luce solare e dell'ombra

La luce solare è un fattore cruciale per la crescita e la maturazione delle bacche. Le bacche generalmente richiedono il pieno sole per sviluppare il loro sapore migliore e le dimensioni massime, anche se alcune possono tollerare l'ombra parziale. Gestendo strategicamente l'esposizione alla luce solare, puoi garantire una maturazione più rapida e piante più sane.

**Regolazione delle condizioni di luce per favorire una rapida maturazione delle bacche**

1. **Scegliere la posizione giusta:**
   - Le bacche si comportano meglio con 6-8 ore di luce solare diretta al giorno.

Quando pianifichi il tuo giardino di bacche, scegli un luogo con luce solare libera per la maggior parte della giornata.

- Se è necessario piantare in ombra parziale, scegli varietà di bacche che possano tollerare un po' d'ombra, come il ribes o l'uva spina, che crescono naturalmente nelle aree boschive.

2. **Riflettendo la luce solare**:

- Se il tuo giardino ha un'esposizione al sole limitata, prendi in considerazione l'utilizzo di materiali riflettenti, come fogli di alluminio o pietre bianche, attorno alla base delle piante. Questi materiali riflettono la luce solare sulle piante, aumentando la disponibilità di luce.

- Le superfici riflettenti possono anche aiutare a mantenere il calore, il che è vantaggioso per una maturazione rapida nei climi più freddi.

3. **Potatura per l'accesso alla luce solare:**

  - La potatura regolare aiuta ad aumentare la penetrazione della luce solare in tutte le parti della pianta, specialmente con cespugli di bacche più grandi come mirtilli e more.

- o Rimuovendo il fogliame in eccesso, permetti alla luce solare di raggiungere i rami fruttiferi, aiutando le bacche a maturare in modo uniforme e rapido.

4. **Regolazione stagionale dell'ombra**:

- o Nei climi più caldi, le bacche possono beneficiare di una leggera ombra pomeridiana per prevenire le scottature. Se necessario, utilizzare un telo ombreggiante durante la parte più calda della giornata, soprattutto per i frutti di bosco delicati come lamponi e fragole.

- Al contrario, nei climi più freddi, puoi piantare bacche vicino a un muro soleggiato o utilizzare coperture per file per prolungare la loro stagione creando un microclima più caldo.

# Capitolo 6

## Raccogliere le bacche

Uno degli aspetti più gratificanti del giardinaggio dei frutti di bosco è il momento in cui le tue piante sono piene di frutti maturi e deliziosi. Sapere quando e come raccogliere è essenziale per ottenere il massimo dalle tue piante di bacche. Un tempismo adeguato, un'attenta manipolazione e una conservazione efficace sono fondamentali per preservare la qualità e il sapore del raccolto. Questo capitolo ti guiderà attraverso il riconoscimento della maturazione, le migliori pratiche di raccolta e le tecniche per prolungare la stagione delle bacche in modo da poter gustare bacche fresche il più a lungo possibile.

## Riconoscere quando le bacche sono pronte

Ogni tipo di bacca ha i suoi segni di maturazione. Imparare a riconoscere questi segni ti aiuta a raccogliere le bacche al loro apice per il miglior gusto e valore nutritivo. La raccolta troppo precoce può portare a frutti acidi o sottosviluppati, mentre aspettare troppo a lungo può attirare parassiti e ridurre la qualità. Ecco una ripartizione di cosa cercare nei vari tipi di bacche:

## Segni da cercare quando le bacche sono mature

1. **Fragole:**

   o Colore: Una fragola matura è di un rosso vibrante dalla testa alle punte. La bacca dovrebbe essere completamente rossa senza alcun bianco o verde vicino al gambo.

   o Consistenza: Le fragole mature sono sode ma hanno un leggero cedimento quando vengono spremute delicatamente. Le fragole troppo morbide possono essere troppo mature.

   o Aroma: Le fragole mature emanano una fragranza

dolce. Un aroma forte è una buona indicazione della piena maturazione.

2. **Lamponi**:

- Colore: I lamponi sono completamente maturi quando raggiungono una tonalità rosso intenso (o giallo, nel caso dei lamponi gialli), a seconda della varietà.

- Consistenza: I lamponi maturi sono teneri e dovrebbero staccarsi facilmente dalla pianta quando vengono leggermente tirati.

- Sapore: In caso di dubbio, assaggiane uno! I lamponi

maturi sono succosi e dolci con un pizzico di acidità.

3. **Mirtilli:**

    o Colore: I mirtilli sono maturi quando sono di un blu intenso con un rivestimento argenteo e polveroso chiamato "fioritura". Evita di raccogliere bacche ancora verdi o rosse.

    o Compattezza: I mirtilli maturi sono sodi ma cedono leggermente a una leggera pressione.

    o Tempo sul cespuglio: i mirtilli spesso maturano circa 3-5 giorni dopo essere diventati blu. Aspettare qualche giorno in più dopo il cambio di colore può migliorare la dolcezza.

4. **More**:

- Colore: Le more sono mature quando sono nere lucide e piene, senza macchie rossastre. Le more rosse sono acerbe e avranno un sapore aspro.

- Consistenza: Le more mature sono tenere e succose e si staccheranno dalla pianta con un leggero strattone.

- Dimensioni: Le more mature spesso si gonfiano leggermente, diventando più grandi man mano che maturano.

5. **Uva spina**:

- Colore: L'uva spina può variare dal verde al viola a seconda della varietà, ma la maggior parte dei tipi è matura quando diventa un po' traslucida.

- Compattezza: L'uva spina matura è carnosa e leggermente morbida, ma mantiene comunque bene la sua forma.

- Dolcezza: Se non sei sicuro, testare il gusto è un buon approccio, poiché l'uva spina ha un sapore equilibrato dolce-aspro quando è matura.

## Le migliori pratiche per raccogliere le bacche senza danneggiare le piante

Per garantire un raccolto continuo di bacche e mantenere la salute delle piante, segui queste best practice:

1. **Usa una manipolazione delicata:**
   - Evita di spremere le bacche mentre le raccogli, poiché sono delicate e si ammaccano facilmente. Afferrali delicatamente tra le dita, esercitando una pressione minima.

2. **Lascia lo stelo:**
   - Per alcune bacche come le fragole, è meglio lasciare un

piccolo pezzo del gambo sulla bacca durante la raccolta. Questo aiuta la bacca a trattenere l'umidità e ne prolunga la durata.

3. **Evitare di tirare**:

   o Per le bacche che non si rilasciano facilmente, come more e lamponi, evita di tirare troppo forte per evitare di rompere i rami o danneggiare i frutti vicini. Le bacche mature si staccheranno con una leggera trazione.

4. **Scegli regolarmente**:

   o Raccogli frequentemente, soprattutto durante l'alta stagione, per incoraggiare la fioritura e la fruttificazione continue. La rimozione regolare delle bacche mature riduce il rischio di attirare parassiti e mantiene le piante sane.

**Tecniche per un raccolto più veloce**

Una raccolta efficiente delle bacche implica sapere come raccogliere le bacche in modo da ridurre gli sprechi e risparmiare tempo. Ecco le tecniche per ottimizzare il raccolto:

1. **Usa due mani**:
    - Per accelerare la raccolta, usa una mano per tenere o stabilizzare delicatamente il ramo mentre usi l'altra per raccogliere. Questo riduce al minimo l'affaticamento della

pianta e ti aiuta a raccogliere più bacche in meno tempo.

2. **Raccolto con tempo fresco:**

    o Gli acini raccolti nelle ore più fresche del mattino conservano più a lungo la loro compattezza e freschezza. Evita di raccogliere durante la parte più calda della giornata, poiché le bacche potrebbero essere più morbide e avere maggiori probabilità di ammaccarsi.

3. **Raccogli in piccoli contenitori:**

    o Usa contenitori più piccoli durante la raccolta, poiché le bacche possono essere schiacciate sotto il loro stesso peso. Riempi i contenitori solo parzialmente per evitare di accumulare bacche l'una sull'altra. Per raccolti abbondanti, svuota il contenitore più piccolo in un cesto più grande o in un contenitore foderato con un panno morbido per attutire le bacche.

4. **Prelevare direttamente nei contenitori di stoccaggio**:

    o Se stai raccogliendo bacche per la conservazione, raccoglile direttamente nei contenitori in cui prevedi di conservarle. Ciò riduce la quantità di manipolazione, preservandone la compattezza.

5. **Separare la frutta matura da quella acerba:**

       o Quando incontri bacche parzialmente mature che sono quasi pronte, raccogli solo quelle completamente mature e lascia maturare le altre. Questa pratica aiuta a prevenire il deterioramento prematuro durante la conservazione.

**Come raccogliere, conservare e gestire i frutti di bosco per mantenerne la qualità**

Una corretta manipolazione e conservazione assicurano che le bacche rimangano fresche più a lungo e mantengano il loro gusto e la loro consistenza. Ecco come raccogliere e conservare le bacche per ottenere la migliore qualità:

1. **Raccogli con tempo asciutto**:
    - Le bacche raccolte con tempo asciutto durano più a lungo di quelle raccolte quando sono bagnate, poiché l'umidità in eccesso accelera il deterioramento. Se è prevista pioggia, aspetta che le bacche abbiano avuto la possibilità di asciugarsi prima di raccoglierle.

2. **Evitare il lavaggio fino al momento dell'uso**:

- L'acqua accelera il deterioramento, quindi è meglio non lavare i frutti di bosco fino a poco prima di mangiarli o usarli. Se devono essere puliti, sciacquarli delicatamente e asciugarli accuratamente prima di metterli in frigorifero.

3. **Conservare in contenitori traspiranti:**

    - Per la conservazione, posizionare le bacche in un unico strato in contenitori con una buona circolazione dell'aria, come cesti poco profondi o contenitori di plastica ventilati. Evita di impilarli o affollarli per evitare lividi.

4. **Refrigerare prontamente**:

    o La maggior parte delle bacche beneficia della refrigerazione, che rallenta il processo di maturazione e le aiuta a durare più a lungo. More, lamponi e fragole possono in genere durare 3-5 giorni in frigorifero, mentre i mirtilli possono conservarsi fino a una settimana.

5. **Congelare per una conservazione più lunga**:

    o Per un raccolto più duraturo, congelare le bacche stendendole su una teglia e congelandole singolarmente prima di trasferirle in un contenitore adatto al congelatore. In questo modo si evitano la formazione di grumi, in modo da poter prelevare facilmente solo la quantità necessaria.

**Suggerimenti per prolungare la stagione del raccolto con la semina scaglionata**

Se vuoi goderti le bacche fresche per un periodo più lungo, prendi in considerazione la semina scaglionata. Questo approccio prevede la piantumazione di più varietà con tempi di maturazione diversi o il reimpianto di determinati tipi durante la stagione.

1. **Scegli varietà con diversi periodi di maturazione**:
   o Diverse varietà della stessa bacca spesso maturano in momenti diversi. Ad esempio, le fragole di inizio, mezza stagione e fine stagione possono fornire una fornitura continua di frutta per diverse settimane.

   o Piantare varietà di lamponi sia estivi che sempreverdi, ad esempio, può prolungare la stagione dei lamponi dall'inizio dell'estate all'inizio dell'autunno.

2. **Ripianta le bacche a crescita rapida**:

- Alcune bacche a crescita rapida, come le fragole, possono essere ripiantate ogni poche settimane per più raccolti. Pianta nuovi set di fragole ogni due o tre settimane per goderti le bacche fresche per tutta l'estate.

3. **Incorpora piante di bacche annuali**:

    - Alcune bacche, come alcuni tipi di fragole, vengono coltivate come annuali e produrranno rapidamente da semi o piante iniziali. Piantare varietà annuali in piccoli lotti temporizzati ti consente di mantenere un flusso costante di frutta.

4. **Utilizzare coperture protettive nei climi più freddi**:

    o Per prolungare la stagione delle bacche raccolte tardivamente, utilizzare coperture per file o telai freddi per proteggere le piante dal primo gelo. Coprire le tue piante di bacche le aiuta a maturare completamente in autunno, permettendoti di continuare la raccolta anche quando le temperature si raffreddano.

5. **Potatura e manutenzione regolari**:

    o Per le piante di bacche che fruttificano più volte, come alcuni tipi di more e lamponi, una potatura regolare può incoraggiare una nuova crescita e prolungare la stagione. La rimozione dei rami vecchi o esauriti mantiene le piante vigorose e produttive.

# Capitolo 7

## Preservare il raccolto

Un giardino pieno di bacche mature e dolci è un tesoro, ma a volte il raccolto può essere troppo abbondante per essere gustato tutto in una volta. Conservare le bacche ti consente di catturare il loro sapore, colore e sostanze nutritive per i mesi a venire. Questo capitolo ti introdurrà a varie tecniche di conservazione delle bacche, dal congelamento e dall'inscatolamento all'essiccazione, ognuna con vantaggi e usi unici. Sia che tu stia cercando di prolungare la durata di conservazione dei tuoi frutti di bosco, creare marmellate fatte in casa o aggiungere frutti di bosco secchi alle ricette, questi metodi di conservazione offrono modi deliziosi per goderti il raccolto molto tempo dopo la fine della stagione di crescita.

## Introduzione alle tecniche di conservazione dei frutti di bosco

La conservazione delle bacche è stata praticata per secoli come un modo per prevenire gli sprechi, garantire la disponibilità di cibo tutto l'anno e aggiungere varietà ai pasti. Ogni metodo di conservazione presenta vantaggi distinti:

1. **Congelamento**: Mantiene il sapore e le sostanze nutritive dei frutti di bosco freschi, perfetto per frullati, cottura al forno e cucina.

2. **Inscatolamento**: Trasforma i frutti di bosco in marmellate, gelatine e sciroppi di lunga durata che catturano l'essenza dell'estate in un barattolo.

3. **Essiccazione**: Concentra la dolcezza e il sapore dei frutti di bosco, ideale per spuntini, prodotti da forno o da aggiungere a miscele di cereali e tracce.

Conservare le bacche offre infinite possibilità, prolungando il godimento del raccolto e aggiungendo un tocco fatto in casa alla tua dispensa.

**Congelamento delle bacche per la conservazione a lungo termine**

Il congelamento è uno dei modi più semplici ed efficaci per conservare i frutti di bosco senza comprometterne il gusto o i nutrienti. Se congelate correttamente, le bacche possono mantenere la loro consistenza, colore e sapore fino a un anno. Ecco una guida passo passo per congelare i frutti di bosco garantendo una perdita minima di qualità:

**Guida passo passo al congelamento senza perdere sapore**

1. **Scegli bacche fresche e mature:**

    o Seleziona bacche completamente mature e senza macchia per il congelamento, poiché eventuali imperfezioni diventeranno più evidenti dopo il congelamento.

- Evita di lavare le bacche troppo mature, poiché possono diventare mollicce. Usali immediatamente o considera di usarli per marmellata o cottura al forno.

2. **Lavare e asciugare accuratamente**:

    - Sciacquare delicatamente i frutti di bosco in acqua fredda, facendo attenzione a non danneggiare i frutti delicati come lamponi e more.

    - Stendi le bacche su un asciugamano pulito e lasciale asciugare all'aria o tamponale delicatamente con un asciugamano per rimuovere l'umidità. L'umidità in eccesso può portare alla formazione di grumi durante il congelamento.

3. **Pre-congelare per evitare la formazione di grumi**:

   o Foderate una teglia con carta da forno e stendete i frutti di bosco in un unico strato. Mettere la teglia in congelatore per 2-4 ore o fino a quando le bacche non saranno completamente congelate.

   o Questa fase di pre-congelamento impedisce alle bacche di attaccarsi tra loro, rendendo facile afferrare solo la quantità di cui hai bisogno in seguito.

4. **Trasferire in contenitori adatti al congelatore**:

- o Una volta congelate, metti le bacche in sacchetti adatti al congelatore o contenitori ermetici. Etichetta con la data per una facile consultazione.

- o Rimuovere quanta più aria possibile per evitare bruciature da congelamento. Se si utilizzano sacchetti, espellere l'aria prima di sigillarli o utilizzare sacchetti sottovuoto, se disponibili.

5. **Conservare correttamente per la massima freschezza**:

    o Conservare i contenitori a una temperatura stabile, idealmente pari o inferiore a 0°F (-18°C), per un massimo di un anno.

    o Per mantenere la qualità, evitare di conservare i frutti di bosco nella porta del congelatore, dove le fluttuazioni di temperatura sono più comuni.

I frutti di bosco congelati possono essere utilizzati in frullati, prodotti da forno, salse e dessert senza bisogno di essere scongelati, rendendoli un modo conveniente per godersi il raccolto tutto l'anno.

**Inscatolare bacche per marmellate e sciroppi**

L'inscatolamento è un modo fantastico per trasformare le bacche in marmellate, gelatine e sciroppi che possono essere gustati per mesi. Una corretta inscatolamento preserva il sapore e la dolcezza naturale dei frutti di bosco, creando al contempo un prodotto stabile a scaffale che non richiede refrigerazione. I principianti possono iniziare con semplici metodi di inscatolamento a bagnomaria, sicuri e diretti. Di seguito sono riportate alcune nozioni di base per iniziare con l'inscatolamento e un paio di ricette facili.

# Metodi di inscatolamento rapidi per principianti

L'inscatolamento può sembrare intimidatorio, ma con il giusto approccio può essere semplice e divertente. Ecco una panoramica dei passaggi essenziali per un'inscatolamento sicuro ed efficace dei frutti di bosco:

1. **Prepara i tuoi barattoli e l'attrezzatura:**

    o Utilizzare barattoli sterilizzati con coperchi e anelli adatti all'inscatolamento. Sterilizzare i barattoli facendoli bollire per 10 minuti garantisce che siano privi di batteri e contaminanti.

- Tieni pronta una pentola grande o un inscatolatore a bagnomaria per lavorare i barattoli e usa sollevatori di barattoli o pinze per maneggiare i barattoli caldi in sicurezza.

2. **Preparate i frutti di bosco**:
    - Per marmellate, gelatine e sciroppi, inizia con bacche pulite e mature. Schiacciare leggermente le bacche per rilasciare i loro succhi.
    - Alcune ricette possono richiedere ingredienti aggiuntivi come zucchero, pectina (per gelatine) e

succo di limone, che aiuta a migliorare il sapore e preserva il colore.

3. **Cuocere le bacche**:

   o Per le marmellate, unire i frutti di bosco con lo zucchero e il succo di limone in una casseruola. Cuocere a fuoco medio il composto, mescolando regolarmente fino a quando il composto non si addensa fino a raggiungere la consistenza desiderata. Per lo sciroppo, fai sobbollire i frutti di bosco, quindi filtrali per rimuovere la polpa per una consistenza più liscia.

- Eliminare la schiuma che si forma durante la cottura per mantenere una conserva chiara e brillante.

4. **Riempi e sigilla i barattoli**:
   - Versare la marmellata o lo sciroppo caldo in barattoli sterilizzati, lasciando circa 1/4 di pollice di spazio nella parte superiore.
   - Pulisci i cerchi, posiziona il coperchio e avvita l'anello fino a quando non è stretto a mano.

5. **Processo a bagnomaria**:
   - Metti i barattoli in un barattolo a bagnomaria con acqua sufficiente a coprirli di almeno un pollice. Far

bollire per 10-15 minuti per sigillare i barattoli e garantire la sicurezza.

- o Togliete i barattoli con cura e lasciateli raffreddare. Sentirai uno "schiocco" quando ogni coperchio si chiude. Controllare le guarnizioni dopo il raffreddamento per assicurarsi che siano ermetiche.

**Ricette semplici per marmellate, gelatine e sciroppi fatti in casa**

**Ricetta base della marmellata di frutti di bosco**

- Ingredienti:

- 4 tazza frutti di bosco (fragole, lamponi o more funzionano bene)
- 2 tazze di zucchero
- 1 cucchiaio di succo di limone

1. Schiacciare i frutti di bosco in una casseruola e unire lo zucchero e il succo di limone.

2. Cuocete a fuoco medio, mescolando di tanto in tanto, fino a quando la marmellata non si addensa (circa 20-30 minuti).

3. Versare nei barattoli e lavorare a bagnomaria come descritto.

**Ricetta dello sciroppo di frutti di bosco**

- Ingredienti:

- 4 tazze di frutti di bosco
- 1 tazza di zucchero
- 1/2 tazza d'acqua

1. Unisci i frutti di bosco, lo zucchero e l'acqua in una pentola. Cuocere fino a quando le bacche non si rompono, circa 10-15 minuti.

2. Filtrare con un colino fine per ottenere uno sciroppo liscio, quindi versare in barattoli sterilizzati e lavorare.

**Essiccazione e disidratazione delle bacche**

L'essiccazione delle bacche concentra i loro zuccheri naturali e crea uno spuntino facile da conservare, trasportare e utilizzare in una varietà di ricette. Le bacche essiccate sono ottime per il muesli, la cottura al forno e persino per cucinare in piatti salati. Esistono diversi modi per essiccare le bacche, tra cui l'essiccazione all'aria, l'essiccazione in forno e l'utilizzo di un disidratatore alimentare.

**Suggerimenti per essiccare le bacche a casa e conservarle correttamente**

1. **Prepara le bacche per l'essiccazione:**

    o Lavare e asciugare accuratamente le bacche.

    o Per bacche più grandi come le fragole, tagliarle a pezzi spessi 1/4 di pollice per garantire un'asciugatura uniforme. Le bacche più piccole come i mirtilli possono essere essiccate intere, anche se è utile forarle con uno spillo o sbollentarle brevemente per rompere la buccia per un'asciugatura uniforme.

2. **Metodi di essiccazione**:

- **Essiccazione in forno**: Mettere i frutti di bosco su una teglia foderata. Impostare il forno al minimo, in genere intorno ai 60 ° C (140 ° F), e asciugare per 6-12 ore, controllando di tanto in tanto.

- **Disidratatore**: Disporre le bacche sui vassoi

dell'essiccatore e impostare la macchina a 135°F (57°C). Il tempo di essiccazione varia da 8 a 18 ore, a seconda delle dimensioni della bacca e del livello di umidità.

- **Essiccazione al sole**: Per i climi soleggiati, le bacche possono essere essiccate al sole su uno schermo coperto. Garantire una buona ventilazione e protezione dagli insetti. L'essiccazione al sole può richiedere diversi giorni.

3. **Conservazione delle bacche** essiccate:

- Una volta essiccate, le bacche devono essere coriacee ma non appiccicose e non devono contenere umidità residua.
- Conservare in contenitori ermetici in un luogo fresco e asciutto per un massimo di un anno. Per una conservazione più lunga, prendi in considerazione la possibilità di sigillarli sottovuoto o di tenerli nel congelatore.

**Usi per le bacche essiccate in cucina e al forno**

Le bacche essiccate aggiungono un sapore e una consistenza deliziosi a molti piatti. Ecco alcune idee per incorporarli nei pasti:

1. **Cottura**: aggiungi le bacche secche a muffin, pane o frittelle per un'esplosione di sapore senza l'umidità extra aggiunta dalle bacche fresche.

2. **Spuntino**: Le bacche essiccate sono un ottimo spuntino in movimento e si abbinano bene con noci, semi o cioccolato fondente.

3. **preparazione**: Aggiungi una manciata di bacche essiccate alla farina d'avena, allo yogurt o alle insalate per un tocco di dolcezza naturale.

4. **Trail Mix**: mescola le bacche essiccate con noci, semi e forse

un po' di cioccolato fondente per un sano mix di tracce fatto in casa.

5. **Bevande infuse**: aggiungi le bacche essiccate all'acqua calda o al tè per una bevanda infusa con frutti di bosco, oppure lasciale reidratare leggermente per aggiungere sapore ai frullati.

# Capitolo 8

## Risoluzione dei problemi comuni

Ogni giardino ha le sue sfide e le piante di bacche non fanno eccezione. Anche con le migliori cure, potrebbero esserci momenti in cui le tue piante hanno difficoltà, producendo bacche più piccole, mostrando segni di malattia o affrontando problemi ambientali. Imparare a riconoscere e rispondere a questi problemi è fondamentale per un raccolto di successo. Questo capitolo copre i problemi comuni della coltivazione dei frutti di bosco, dai problemi di crescita alla gestione di parassiti e malattie, e fornisce soluzioni per aiutarti a mantenere le tue piante sane e produttive.

# Riconoscere e risolvere i problemi di crescita

Quando le piante di bacche sperimentano una crescita lenta, producono frutti piccoli o deformi o mostrano segni di sviluppo stentato, la causa può spesso essere ricondotta a problemi con il suolo, i nutrienti o l'irrigazione. Comprendere questi problemi e sapere come affrontarli manterrà il tuo giardino fiorente.

**Problemi di crescita comuni e come risolverli**

1. **Crescita lenta**
    - **Causa**: La crescita lenta è spesso dovuta a nutrienti insufficienti, luce solare inadeguata o terreno compattato che impedisce la

corretta espansione delle radici.

- **Soluzione**: Condurre un test del suolo per verificare la presenza di carenze di azoto, fosforo e potassio, essenziali per la crescita. L'aggiunta di un fertilizzante bilanciato può aiutare a stimolare la crescita. Inoltre, assicurati che le piante ricevano almeno 6-8 ore di luce solare al giorno e prendi in considerazione l'allentamento del terreno compattato attorno alle radici delle piante per migliorare l'aerazione.

2. **Frutto piccolo o deforme**

- **Causa**: Le bacche piccole possono derivare da sovraffollamento, scarsa impollinazione o mancanza d'acqua.

- **Soluzione**: Impianti sottili per ridurre la competizione per le risorse e migliorare il flusso d'aria. Ciò è particolarmente importante per le varietà cespugliose come i lamponi. Assicurati che le piante ricevano abbastanza acqua, soprattutto durante la stagione della fruttificazione. La pacciamatura può aiutare a trattenere l'umidità del suolo. Per l'impollinazione, attira le api e altri impollinatori piantando fiori nelle vicinanze o scuotendo delicatamente i rami per distribuire il polline in una serra.

3. **Foglie ingiallite**

    o **Causa**: L'ingiallimento delle foglie può essere dovuto alla mancanza di azoto, allo scarso drenaggio o all'irrigazione eccessiva.

    o **Soluzione**: Se un test del suolo rivela bassi livelli di azoto, applicare un fertilizzante ricco di azoto. Assicurati che il terreno sia ben drenato, poiché le radici impregnate d'acqua possono portare all'ingiallimento. Se l'irrigazione eccessiva è un problema, riduci la frequenza e adattati alle esigenze della pianta, soprattutto nei climi più freddi.

4. **La frutta cade prematuramente**

    o **Causa**: La caduta dei frutti può verificarsi a causa di sbalzi di temperatura, stress idrico o infestazioni di parassiti.

    o **Soluzione**: Proteggi le piante di bacche dalle temperature estreme usando un tessuto da giardino o un telo ombreggiante. Mantieni un'irrigazione costante, soprattutto nella stagione calda, e ispeziona le piante alla ricerca di parassiti, poiché alcuni insetti possono danneggiare i frutti e farli cadere.

**Malattie e parassiti**

Le bacche sono vulnerabili a diverse malattie e parassiti che possono danneggiare le piante, ridurre i raccolti e influire sulla qualità dei frutti. Riconoscere i primi segni e adottare misure preventive è la chiave per mantenere sano il tuo giardino di bacche.

# Identificazione dei segni di malattie comuni e rimedi biologici

1. **Oidio**

   o **Segni**: L'oidio appare come un rivestimento bianco e polveroso su foglie, steli e gemme.

   o **Soluzione**: Taglia le parti infette della pianta per ridurre la diffusione. Innaffia le piante a livello del suolo per evitare di bagnare il fogliame, poiché la muffa prospera in condizioni di umidità. Rimedi biologici come l'olio di neem o una miscela di bicarbonato di sodio e acqua (1 cucchiaio di bicarbonato di sodio per litro d'acqua) possono aiutare a controllare questa infezione fungina.

2. **Peronospora della botrite (muffa grigia)**

   o **Segni**: La peronospora della Botrytis provoca muffa grigia e sfocata su bacche e steli, soprattutto in condizioni fresche e umide.

   o **Soluzione**: rimuovere e scartare le bacche infette e le parti di piante per prevenire la diffusione. Migliora la circolazione dell'aria potando la crescita densa ed evita l'irrigazione dall'alto. Uno spray antimicotico naturale a base di aceto di mele diluito (1 cucchiaino per litro d'acqua) può anche aiutare a ridurre la crescita di muffe.

3. **Verticillium appassito**

   o **Segni**: Questo fungo del suolo provoca l'appassimento delle foglie che possono diventare gialle o marroni, con le piante che alla fine stentano.

   o **Soluzione**: Sfortunatamente, non esiste una cura per l'appassimento del verticillium. Rimuovi e distruggi le piante infette ed evita di piantare piante di bacche sensibili nello stesso terreno per almeno tre anni. La rotazione delle colture e l'utilizzo di varietà resistenti alle malattie sono le migliori misure preventive.

4. **Afidi**

- **Segni**: Gli afidi si raggruppano sul lato inferiore delle foglie, nutrendosi della linfa delle piante e provocando l'arricciamento e l'ingiallimento delle foglie.

- **Soluzione**: Introdurre predatori naturali come coccinelle o merletti, che si nutrono di afidi. Spruzza le piante con una soluzione di acqua e sapone neutro (1-2 cucchiai di detersivo per piatti delicato per litro d'acqua) per rimuovere gli afidi dalle foglie. L'olio di neem è un altro trattamento organico efficace per il controllo degli afidi.

5. **Acari di ragno**

    o **Segni**: gli acari causano foglie punteggiate o gialle e possono creare sottili ragnatele sulle piante.

    o **Soluzione**: Aumenta l'umidità intorno alle piante nebulizzando o usando il pacciame, poiché gli acari preferiscono le condizioni asciutte. Introduci predatori naturali come gli acari predatori o applica sapone insetticida sulle aree colpite. Anche l'olio di neem o l'olio per orticoltura possono controllare efficacemente gli acari.

6. **Scarabei giapponesi**
    - **Segni**: I coleotteri giapponesi scheletrizzano le foglie, lasciando solo le nervature, e possono anche nutrirsi di bacche.
    - **Soluzione**: raccogli a mano i coleotteri e lasciali cadere in un secchio di acqua saponata. Copri le piante con una rete da giardino se le infestazioni sono gravi. Gli spray all'olio di neem

organico sono efficaci anche contro i coleotteri e l'introduzione di nematodi benefici nel terreno può ridurre le popolazioni di larve di coleottero.

**Affrontare le sfide ambientali**

Fattori ambientali come la luce solare, la temperatura e le condizioni del suolo influiscono in modo significativo sulla crescita e sulla produttività delle piante di bacche. Anche se non possiamo controllare il tempo, capire come adattarsi ai cambiamenti ambientali può aiutare a mantenere sane le tue piante di bacche.

**Soluzioni per troppa o troppo poca luce solare**

- **Troppo sole:**

- Nelle regioni con sole intenso, le piante di bacche possono soffrire di bruciature fogliari o scottature, dove le foglie diventano marroni e croccanti.

- **Soluzione**: Usa teli ombreggianti durante la parte più calda della giornata o pianta strategicamente piante da consociazione più alte che possono fornire ombra parziale. La pacciamatura può anche aiutare a mantenere fresche le radici e trattenere l'umidità del suolo.

• **Troppo poco sole**:

- Le piante di bacche hanno bisogno di almeno 6 ore di luce solare diretta per produrre frutti. Nelle zone scarsamente illuminate, le piante possono crescere ma faranno fatica a produrre.

- **Soluzione**: Se possibile, sposta le piante in contenitore in luoghi più soleggiati durante il giorno. Se la luce solare è limitata nel tuo giardino, concentrati sulla coltivazione di bacche note per tollerare l'ombra parziale, come more o ribes.

**Sbalzi di temperatura e protezione antigelo**

- **Improvvisi cali di temperatura:**
  - Le gelate precoci o tardive possono danneggiare la nuova crescita e i frutti delle piante di bacche.
  - **Soluzione**: utilizzare teli antigelo o coperture per file per proteggere le piante da cali di temperatura imprevisti. Questi materiali intrappolano il calore e creano una zona cuscinetto, aiutando le piante a sopravvivere al gelo improvviso. La pacciamatura pesante intorno alla base delle piante può anche isolare le radici dal freddo.

- **Calore eccessivo:**
  - Temperature estremamente elevate possono causare stress, appassimento e riduzione della produzione di frutta.
  - **Soluzione**: Mantenere il terreno umido e aggiungere uno strato di pacciame per prevenire la perdita d'acqua. Prendi in considerazione l'utilizzo di un sistema di irrigazione a goccia che fornisca umidità costante alle radici senza bagnare il fogliame. Per le piante in vaso, portatele in una zona ombreggiata o al chiuso durante le ondate di calore.

## Squilibrio dell'umidità del suolo

- **Irrigazione eccessiva**:
  - Le piante di bacche non prosperano in terreni inzuppati, il che può portare a marciume radicale e ridotta disponibilità di ossigeno.
  - **Soluzione**: Garantire un buon drenaggio, soprattutto in aiuole rialzate o contenitori, utilizzando un terreno ben drenante e aggiungendo materia organica. Innaffia le piante in profondità ma raramente, lasciando asciugare leggermente il terriccio tra un'annaffiatura e l'altra.

- **Sott'acqua**:
  - Le bacche richiedono un'umidità costante, soprattutto durante la fruttificazione, ma lo stress da siccità può ridurre le rese e portare a una scarsa qualità dei frutti.
  - **Soluzione**: Controllare regolarmente l'umidità del suolo, soprattutto in condizioni asciutte o ventose, che possono accelerare la perdita d'acqua. La pacciamatura aiuta a trattenere l'umidità del suolo e l'uso dell'irrigazione a goccia garantisce che le piante ricevano un

approvvigionamento idrico costante senza ristagni d'acqua nel fogliame.

# Capitolo 9

## Espandere il tuo giardino di bacche

Una volta che hai imparato le basi della coltivazione di alcune varietà di bacche, espandere il tuo giardino può portare raccolti maggiori e una gamma più diversificata di sapori. L'aggiunta di diversi tipi di bacche al tuo giardino non solo mantiene la tua dispensa rifornita tutto l'anno, ma promuove anche la biodiversità, rendendo le tue piante più sane e il tuo giardino più resistente. Questo capitolo esplora i modi per espandere il tuo giardino di bacche, dalla scelta di varietà aggiuntive a tecniche avanzate per aumentare i raccolti e prolungare la stagione di crescita.

**Aggiunta di più varietà per raccolti continui**

Per gustare bacche fresche durante tutto l'anno, prendi in considerazione la possibilità di diversificare i tipi di bacche nel tuo giardino. Ogni tipo di bacca ha una stagione di crescita unica, il che significa che puoi scaglionare la tua piantagione per un raccolto più continuo. Mescolando varietà precoci, medie e tardive, godrai di una fornitura costante di bacche dalla primavera all'autunno e possibilmente oltre.

**Coltivare diversi tipi di bacche per una fornitura tutto l'anno**

1. **Raccolti primaverili e di inizio estate**:
    - **Fragole**: Tra le bacche più precoci a maturare, le

fragole sono un'ottima scelta per i raccolti primaverili. Prendi in considerazione la possibilità di piantare sia varietà di giugno che sempreverdi per prolungare la stagione delle fragole dalla tarda primavera all'inizio dell'autunno.

- **Lamponi**: alcune varietà di lamponi, in particolare quelle estive, iniziano a produrre bacche in tarda primavera e all'inizio dell'estate. Se pianti sia varietà estive che autunnali, godrai di due raccolti in un anno.

2. **Raccolti di metà estate**:

- **Mirtilli**: I mirtilli maturano tipicamente a metà estate, offrendo bacche succose e ricche di antiossidanti perfette per essere consumate fresche e congelate. Cerca diverse varietà con tempi di maturazione leggermente scaglionati, come i mirtilli di stagione, precoce, media e tardiva, per prolungare la finestra di raccolta.

- **More**: Le more seguono da vicino i mirtilli, producendo le loro prime bacche mature a metà estate. Scegliendo varietà senza spine o quelle che producono una crescita più compatta, puoi facilmente aggiungere more in uno spazio più piccolo.

3. **Raccolti da fine estate a autunno:**

    o **Fragole sempreverdi**: Le fragole sempreverdi continuano a produrre frutti fino all'autunno, offrendoti un'opzione di fragole di fine stagione.

    o **Lamponi autunnali**: i lamponi autunnali, come "Heritage", offrono un altro raccolto più avanti nella stagione, rendendoli una scelta eccellente per prolungare il raccolto all'inizio dell'autunno.

4. **Opzioni invernali e al coperto:**

- **Mirtilli e fragole alpine**: Alcune varietà, come i mirtilli e le fragole alpine, possono essere coltivate indoor in contenitori e produrre frutti anche in inverno, purché ricevano abbastanza luce. Il giardinaggio indoor delle bacche ti consente di gustare bacche fresche tutto l'anno ed è particolarmente utile nei climi freddi.

- **Coltivazione in serra**: una serra consente di coltivare alcune varietà di bacche al di fuori della loro stagione tipica. Le fragole, ad esempio, possono essere coltivate in serra per i raccolti invernali e piante come lamponi e more possono essere avviate presto per una fruttificazione primaverile più rapida.

# Suggerimenti avanzati per rese più elevate e piante più sane

Una volta che hai stabilito il tuo giardino di bacche, alcune tecniche avanzate possono aumentare ulteriormente i raccolti e migliorare la salute delle piante. Prolungare la stagione di crescita, utilizzare coperture per file e implementare strategie in serra può proteggere le piante dalle intemperie, consentendoti di coltivare le bacche più a lungo in autunno e iniziare prima in primavera.

**Prolungare la stagione di crescita con serre e coperture per file**

1. **Serre per estensione stagione**:

- Una serra fornisce un ambiente controllato che consente di avviare le piante di bacche prima in primavera e di prolungare la loro stagione di crescita in autunno o addirittura in inverno. È particolarmente utile nei climi più freddi, in quanto protegge le piante dal gelo e mantiene una temperatura costante.

- **Iniziare prima le piante di bacche**: Utilizzando una serra, puoi avviare nuove piante di bacche settimane o addirittura mesi prima dell'inizio della stagione di crescita all'aperto, consentendo loro di sviluppare forti apparati radicali prima del trapianto. Questa pratica spesso si traduce in una fruttificazione più rapida una volta che le piante vengono spostate all'aperto.

- **Svernamento delle piante di bacche**: Per le varietà autunnali, una serra ti aiuta a continuare a coltivare bacche oltre la fine della stagione all'aperto. Prendi in considerazione l'idea di spostare le bacche coltivate in vaso o in contenitore nella serra prima del primo gelo per continuare a gustare la frutta fresca.

2. **Utilizzo di coperture per file per la protezione antigelo:**

   ○ Le coperture per file forniscono isolamento e proteggono le piante di bacche dal gelo all'inizio della primavera e nel tardo autunno. Questi tessuti leggeri consentono alla luce solare, all'aria e all'acqua di raggiungere le piante prevenendo i danni del gelo.

   ○ **Protezione dalla semina precoce**: In primavera, le coperture delle file aiutano le piante di bacche a ottenere un vantaggio mantenendole calde durante le notti fredde. Questo calore favorisce la fioritura e la fruttificazione precoci, prolungando la stagione del raccolto.

o **Estensione del raccolto per il freddo**: In autunno, le coperture delle file proteggono le bacche in maturazione dal gelo, consentendo loro di continuare a produrre. Le coperture per file sono particolarmente utili per bacche delicate come le fragole, che possono essere danneggiate da gelate improvvise.

**Strategie avanzate di consociazione di piante per piante di bacche più forti e sane**

La consociazione di piante non è solo per gli orti; Può svolgere un ruolo essenziale nel sostenere le piante di bacche. Selezionando strategicamente le piante da consociazione, puoi aumentare la crescita delle bacche, respingere i parassiti e migliorare la salute del suolo. La consociazione di piante avanzata è particolarmente utile quando si espande il proprio giardino di bacche, in quanto incoraggia un ecosistema equilibrato e riduce al minimo la necessità di input chimici.

1. **Piante da consociazione per il controllo dei parassiti**:

    o **Erbe come erba cipollina e menta**: l'erba cipollina, la menta e altre erbe aromatiche scoraggiano naturalmente parassiti come afidi e acari. Pianta queste erbe intorno ai letti di bacche o in contenitori vicino alle tue piante di bacche per creare una barriera repellente ai parassiti.

o **Calendule e nasturzi:** calendule e nasturzi sono aggiunte colorate che non solo respingono insetti come gli afidi, ma attirano anche insetti benefici come le coccinelle, che aiutano a controllare le popolazioni di parassiti. Questi fiori sono facili da interpiantare con le bacche, aggiungendo bellezza e biodiversità al giardino.

2. **Piante da consociazione che migliorano i nutrienti:**

    o **Legumi**: i legumi, come il trifoglio e i fagioli, fissano l'azoto nel terreno, aumentando naturalmente i livelli di azoto per le piante vicine. Coltivare una coltura di copertura di trifoglio attorno alle piante di bacche o ruotare le bacche con i fagioli può migliorare la fertilità del suolo senza la necessità di fertilizzanti sintetici.

    o **Consolida maggiore e borragine**: la consolida maggiore e la borragine sono accumulatori di sostanze nutritive, che estraggono i minerali dalle profondità del terreno. Quando queste piante vengono potate e utilizzate come pacciame intorno alle piante di bacche, si decompongono, arricchendo il terreno di nutrienti essenziali.

3. **Piante da consociazione per migliorare l'impollinazione:**

    o **Fiori amichevoli delle api**: L'impollinazione è fondamentale per la produzione di bacche, quindi piantare fiori che attirano le api può migliorare i raccolti. Prendi in considerazione l'idea di piantare balsamo d'api, lavanda e girasoli vicino al tuo campo di bacche per attirare più impollinatori.

- **Lavanda e aneto**: queste piante attirano insetti benefici come sirfidi e vespe predatrici, che aiutano a controllare i parassiti e migliorare i tassi di impollinazione delle piante di bacche. Aumentando la presenza di impollinatori, queste piante aumentano indirettamente la resa delle bacche.

# Capitolo 10

## Ricette e modi per gustare i frutti di bosco

Dopo tutti gli sforzi che hai fatto per coltivare, nutrire e raccogliere le tue bacche, è il momento di goderti i deliziosi frutti del tuo lavoro! Questo capitolo offre una varietà di modi per assaporare i tuoi frutti di bosco freschi, da ricette veloci e salutari a idee creative per utilizzare i frutti di bosco conservati. Che tu stia cercando un rinfrescante frullato estivo, un delizioso dessert invernale o idee per condividere la tua generosità di bacche con i tuoi cari, queste ricette e idee sfrutteranno al massimo il tuo raccolto di bacche tutto l'anno.

# Ricette semplici per frutti di bosco freschi

Non c'è niente di meglio del sapore dei frutti di bosco appena raccolti. Le bacche fresche non sono solo ricche di sapore, ma anche ricche di vitamine, antiossidanti e altri nutrienti. Ecco alcune ricette facili e nutrienti che mettono in risalto la dolcezza fresca e naturale dei tuoi frutti di bosco:

**Frullato di frutti di bosco**

Un frullato di frutti di bosco è il modo semplice e veloce per gustare i frutti di bosco. È rinfrescante, ricco di sostanze nutritive e personalizzabile in base ai tuoi gusti.

- **Ingredienti:**

- 1 tazza di frutti di bosco freschi misti (fragole, lamponi, mirtilli o more)
- 1 banana, per cremosità e dolcezza in più
- 1/2 tazza di yogurt greco o latte di mandorla per un'opzione senza latticini
- 1/4 tazza di succo d'arancia o succo di mela per un tocco di agrumi
- Facoltativo: una manciata di spinaci o cavoli per aggiungere verdure

- **Istruzioni:**

1. Mettere tutti gli ingredienti in un frullatore.

2. Frullare ad alta velocità fino ad ottenere un composto liscio e cremoso.

3. Versa in un bicchiere e gusta subito per un inizio di giornata delizioso e ricco di sostanze nutritive!

**Insalata di frutti di bosco freschi**

Questa insalata di frutti di bosco vibrante e rinfrescante è un'ottima opzione per la colazione o un leggero dessert estivo. Si abbina bene con la menta e un tocco di miele per una maggiore dolcezza.

- **Ingredienti:**
    - 1 tazza di fragole fresche, mondate e affettate
    - 1/2 tazza di mirtilli freschi
    - 1/2 tazza di lamponi
    - 1/2 tazza di more

- Foglie di menta fresca, tritate
- 1 cucchiaio di miele o sciroppo d'acero
- Una spruzzata di succo di limone per la luminosità

- **Istruzioni**:

1. In una ciotola capiente, unire tutti i frutti di bosco e mescolare delicatamente per amalgamare.

2. Irrorare con miele o sciroppo d'acero e succo di limone.

3. Cospargere con la menta tritata e mescolare ancora.

4. Servire subito come insalata fresca e dolce o raffreddare in frigorifero prima di servire.

**Yogurt ai frutti di bosco perfetto**

Questo semplice semifreddo sovrappone lo yogurt cremoso ai frutti di bosco freschi e il muesli croccante, creando una colazione o uno spuntino soddisfacente.

- **Ingredienti:**
  - 1 tazza di yogurt greco o bianco
  - 1/2 tazza di frutti di bosco misti freschi
  - 1/4 tazza di muesli
  - Facoltativo: un filo di miele o sciroppo d'acero

- **Istruzioni:**

1. In un bicchiere o in una ciotola trasparente, aggiungi uno strato di yogurt, seguito da uno strato di frutti di bosco e poi uno strato di muesli.

2. Ripeti gli strati fino a esaurimento degli ingredienti.

3. Irrorare con miele o sciroppo d'acero se lo si desidera. Gustatelo come colazione equilibrata o come dessert leggero.

**Ricette di frutti di bosco conservati per un piacere tutto l'anno**

Conservare le bacche ne prolunga la vita e permette di godere della loro dolcezza durante tutto l'anno. Ecco alcuni modi creativi per incorporare bacche in scatola, essiccate o congelate nella tua cucina e cottura al forno.

**Marmellata di frutti di bosco fatta in casa**

Preparare la tua marmellata di frutti di bosco è un ottimo modo per conservare i frutti di bosco e gustarne il sapore su pane tostato, nei dessert o come regalo per amici e familiari.

- **Ingredienti:**
  - 4 tazze di frutti di bosco freschi o congelati (fragole, mirtilli, lamponi o un mix)
  - 2 tazze di zucchero
  - 2 cucchiai di succo di limone

- **Istruzioni:**

1. In una casseruola capiente, unire i frutti di bosco, lo zucchero e il succo di limone.

2. Portare a ebollizione dolce a fuoco medio, mescolando di tanto in tanto per evitare che si attacchi.

3. Abbassate la fiamma e lasciate sobbollire fino a quando il composto non si addensa (circa 20-30 minuti).

4. Una volta addensato, togliete dal fuoco e lasciate raffreddare leggermente prima di versare nei barattoli sterilizzati.

5. Sigillare i barattoli e conservarli in frigorifero, oppure utilizzare un metodo di inscatolamento a bagnomaria per una conservazione più lunga.

**Barrette di farina d'avena ai frutti di bosco**

Utilizzando bacche essiccate o congelate, queste barrette di farina d'avena sono un ottimo spuntino o dessert e sono perfette per il pranzo al sacco o come colazione da asporto.

- **Ingredienti:**
    - 1 tazza di frutti di bosco secchi o congelati

- 1 tazza di fiocchi d'avena
- 1/2 tazza di farina
- 1/2 tazza di zucchero di canna
- 1/4 tazza di burro fuso o olio di cocco
- 1/4 tazza di miele o sciroppo d'acero

- **Istruzioni:**

1. Preriscalda il forno a 350 ° F (175 ° C) e foderare una teglia con carta da forno.

2. In una ciotola, unire l'avena, la farina e lo zucchero. Aggiungere il burro fuso e il miele, mescolando fino a ottenere un composto friabile.

3. Premere metà del composto nella teglia, quindi distribuire sopra i frutti di bosco.

4. Cospargere il composto di avena rimanente sui frutti di bosco, premendo leggermente.

5. Infornare per 25-30 minuti fino a doratura. Raffreddare prima di tagliare in barre.

**Sciroppo infuso di frutti di bosco**

Questo sciroppo ai frutti di bosco è perfetto da condire su pancake, waffle o dessert e può anche essere mescolato in bevande o cocktail.

- **Ingredienti**:
    - 2 tazze di frutti di bosco freschi o congelati
    - 1 tazza di zucchero

- 1/2 tazza d'acqua
- 1 cucchiaio di succo di limone

- **Istruzioni:**

1. In una casseruola unire i frutti di bosco, lo zucchero, l'acqua e il succo di limone.

2. Cuocere a fuoco medio fino a quando le bacche si rompono e lo sciroppo si addensa, circa 10-15 minuti.

3. Filtrare con un colino a maglie fini per ottenere uno sciroppo liscio, se lo si desidera.

4. Conservare in un barattolo o in una bottiglia sterilizzata in frigorifero per un massimo di due settimane.

**Condividere la generosità: idee per fare regali con prodotti a base di bacche fatti in casa**

I prodotti a base di bacche fatti in casa sono regali premurosi che mettono in mostra la generosità del tuo giardino. Ecco alcune idee creative:

1. **Set regalo di marmellata di frutti di bosco**: piccoli barattoli di marmellate di frutti di bosco fatte in casa, avvolte con un panno decorativo o un nastro, sono regali affascinanti. Puoi creare un set con diversi gusti di frutti di bosco e aggiungere un cucchiaino o un biglietto scritto a mano.

2. **Confezioni di snack ai frutti di bosco essiccati**: Confeziona i

frutti di bosco essiccati in piccoli sacchetti richiudibili per uno spuntino sano e fatto in casa, perfetto da regalare. L'aggiunta di un'etichetta con gli usi suggeriti (ad esempio, "Perfetto per cereali, yogurt o spuntini in movimento") aggiunge un tocco personale.

3. **Bottiglie di sciroppo ai frutti di bosco**: Versa lo sciroppo ai frutti di bosco in piccole bottiglie di vetro decorative, aggiungi un'etichetta e lega un fiocco intorno al collo. Includi una nota che suggerisca gli usi, come spruzzare sui pancake o aggiungere ai cocktail.

4. **Prodotti da forno ai frutti di bosco**: cuoci un lotto di barrette

di farina d'avena, muffin o focaccine ai frutti di bosco e avvolgili in sacchetti di carta o cellophane ecologici. Queste prelibatezze fatte in casa sono perfette da condividere durante le vacanze o come un modo per mostrare apprezzamento.

Con queste ricette e idee, puoi trasformare le tue bacche coltivate in casa in deliziosi piatti e regali che portano gioia ai tuoi amici, familiari e vicini. Gustare bacche fresche, conservate e condivise completa il ciclo del giardinaggio delle bacche, trasformando i frutti del tuo duro lavoro in esperienze e ricordi significativi.

www.ingramcontent.com/pod-product-compliance
Lightning Source LLC
Chambersburg PA
CBHW071532220526
45469CB00003B/745

* 9 7 9 8 3 0 1 3 7 0 1 8 2 *